[美]
史蒂文·卡特
(Steven Carter)
杰森·金
(Jason King)
乔什·路锡安
(Josh Lothian)
迈克·尤恩克斯
(Mike Younkers)
著

于君泽
曹洪伟
刘惊惊
茹炳晟
译

基础设施即代码

模型驱动的DevOps

Model-Driven DevOps

Increasing agility and security in your physical network through DevOps

图书在版编目（CIP）数据

基础设施即代码：模型驱动的 DevOps /（美）史蒂文·卡特（Steven Carter）等著；于君泽等译．—北京：机械工业出版社，2024.3

书名原文：Model-Driven DevOps: Increasing agility and security in your physical network through DevOps

ISBN 978-7-111-75051-2

I. ①基…　II. ①史… ②于…　III. ①软件开发　IV. ① TP311.52

中国国家版本馆 CIP 数据核字（2024）第 026758 号

机械工业出版社（北京市百万庄大街 22 号　邮政编码 100037）
策划编辑：王　颖　　　　责任编辑：王　颖
责任校对：王小童　李　婷　　责任印制：常天培
北京铭成印刷有限公司印刷
2024 年 3 月第 1 版第 1 次印刷
186mm × 240mm · 9 印张 · 194 千字
标准书号：ISBN 978-7-111-75051-2
定价：59.00 元

电话服务　　　　　　　　网络服务
客服电话：010-88361066　机　工　官　网：www.cmpbook.com
　　　　　010-88379833　机　工　官　博：weibo.com/cmp1952
　　　　　010-68326294　金　　书　　网：www.golden-book.com
封底无防伪标均为盗版　机工教育服务网：www.cmpedu.com

The Translator's Words 译者序

随着信息技术的飞速发展，我们对基础设施的理解也在不断深化。传统的基础设施往往被看作硬件和软件的堆砌，而在当今这个信息化、数字化的时代，基础设施已经成为企业和组织运行的核心。在云计算、大数据、人工智能等技术的推动下，基础设施不再是单纯的硬件和软件，而是一种基础架构，一种设计思想。

在软件工程领域，DevOps 是“左移”运动的重要体现。DevOps 是一种创新的软件开发和运维理念，它可以提高企业的交付速度、产品质量，降低运营成本，并提升团队的协同能力，对企业的数字化转型和持续发展具有重要的意义。那么，如何将 DevOps 应用于基础设施呢？如何高效、智能地管理和配置基础设施成为业界关注的焦点。

鉴于此，基础设施即代码（Infrastructure as Code，简称 IaC）的理念应运而生，并逐渐成为新一代基础设施管理的主流方式。IaC 是一种将基础设施管理过程自动化的方法，使用编程语言来描述和管理基础设施资源，实现对基础设施的快速部署、配置和管理。与传统的手动管理方式相比，IaC 具有更高的灵活性、可扩展性和可维护性，能够帮助企业降低运营成本，提高运维效率。这对于当今快节奏的商业环境来说至关重要，因为它可以帮助组织更快地交付产品和服务，以满足不断变化的市场需求。

本书就是对 IaC 这个新兴理念的全面解析。书中详细阐述了 IaC 的概念、原理、设计方法以及最佳实践，帮助读者深入理解 IaC 的本质和价值。此外，书中还通过大量的案例和实践经验，展示了如何运用 IaC 来提高企业生产力，改变数据走向，优化流量模式。同时，作者还探讨了 IaC 在云原生、数字化转型等领域的应用，为读者提供了宝贵的经验和启示。

这本书不仅为我们提供了一种全新的视角来看待基础设施，还为我们提供了一种全新的思维方式和设计方法。在翻译这本书的过程中，我们深刻体会到了 IaC 技术的强大和潜力。通过代码来管理和部署基础设施，不仅可以减少人为错误和避免重复工作，还可以提高基础设施的可扩展性和可重用性。同时，IaC 也使得基础设施的变更和版本控制变得更加便捷，有利于团队的协同工作和持续集成。

我们相信，本书对于云计算、大数据和人工智能等领域的工作者来说将是一本非常有价值的参考书。通过阅读这本书，读者可以深入了解 IaC 的理念和实践方法，获得有益的见解和启示，并能够探索 IaC 这一令人兴奋的技术领域。

最后，感谢机械工业出版社给我们这个机会来翻译这本书，也感谢本书所有编辑老师们的辛勤付出和对本书出版提供的宝贵支持。希望本书能够为广大读者带来有益的启示和收获，也期待与大家在未来的交流中共同探讨 IaC 技术的发展和应用。让我们一起期待模型驱动的 DevOps 为软件行业的发展带来更多的启示和创新。

译　者

Preface 前　言

互联网建立在网络基础设施之上。许多技术、经济和社会活动都依赖于互联网。然而，令人遗憾的是，在过去的30年里，组织部署和维护这些关键网络的方式几乎没有发生有意义的变化。网络基础设施的运营通常是一项人力密集且需要手动操作的过程，容易出错且响应缓慢。DevOps模型通过可靠的自动化工具和流程，可以提高基础设施运营的灵活性、规模、安全性和合规性。尽管DevOps在云基础设施的应用程序开发和管理方面发挥着重要作用，但在将DevOps应用于网络基础设施方面，目前尚缺乏一种全面且结构化的方法。

与应用于程序的DevOps不同，应用于网络基础设施的DevOps面临着需要管理元素的数量和每个元素的数据量的巨大挑战。从本质上讲，这使得网络基础设施的DevOps成为一个数据管理问题。网络供应商使用数据模型来组织每个独立网元中的数据并规范其API，但不同供应商的数据模型甚至同一供应商的不同设备的数据模型都存在差异。模型驱动的DevOps试图对组织整个基础设施中数据模型和代码加以规范化。从某种意义上说，模型驱动的DevOps旨在提供一种将DevOps应用于网络基础设施的具有复用性和确定性的方式，同时具备与应用于云基础设施的DevOpes相同的优势。

愿景

这本书包含了我们多年来在IT领域的经验和在咨询、管理领域的所学，以及我们将其应用于解决当今客户需求时所面临的挑战。利用这样的经验，我们寻求提供一种将DevOps应用于基础设施运营的全面方法。这本书奠定了广泛的基础，帮助开发人员和运营商应用为基础设施DevOps制定的详细、规范的方法。此外，它还解决了导致许多组织失败的人为因素和组织因素。

本书的内容简明易懂且实用。我们认为，成为网络运营人员或网络工程师所需的技能已经发生了根本性的变化。API（应用程序接口）已经取代了CLI（命令行接口）。本书旨在帮助网络运营商和工程师重新调整他们的技能，按照操作云基础设施的方式来操作他们的基础设施。为了加强这种方法，我们添加了一个虚构的故事情节，以说明组织在实施这种变革时所面临的挑战。

我们将重点放在结果上，并提供大量的代码来帮助实现这些结果。我们专注于行业中标准的工具和方法。在可能的情况下，我们使用开源或免费工具。当必须选择供应商解决方案时，我们会选择适合实现的方式。也就是说，不同的组件或者不同的供应商，并不会对我们提出的原则、框架甚至代码产生显著的影响。

读者对象

我们深入研究了模型驱动的 DevOps，并通过开源配套代码库中的用例和具体示例对其进行了定义。本书面向 IT 基础设施团队，还适用于希望在各个阶段将安全性纳入其基础设施的网络安全团队。另外，本书也适合希望了解现代基础设施的最佳实践的个人以及业务和技术领导者，因为这些实践与通过团队实现高质量成果息息相关。

组织方式

本书各章内容的组织逻辑如下：首先，我们研究为什么网络基础设施的运营需要改变，然后探索需要改变的内容，最后展示如何改变它。模型驱动的 DevOps 的参考实现（reference implementation）为读者全面应用所学的技术和概念提供了指导。有了这一坚实的技术基础，我们将在最后一章讨论在进行大规模的操作更改时需要考虑的重要人为因素。

本书还提供一些练习，这些练习可让读者获得实践经验，以更好地理解技术细节，并检测所学到的知识。

为了提供一些背景信息并帮助说明本书中的诸多概念，每章都从一位名叫鲍勃的网络工程师的虚构故事开始。鲍勃在 ACME 公司工作，这是一家具有典型组织结构的常规公司。最重要的是，它以大量人力手动操作键盘的方式来运营网络基础设施。在 CIO（首席信息官）的指导下，鲍勃开始了 DevOps 之旅。正是通过了解他的挑战、失败和成功，我们看到了网络基础设施在传统运营模式下的问题，以及如何通过自动化实现 DevOps，进而实现真正的业务转型。

章节结构

本书的每一章都构建在前一章的基础之上。模型驱动的 DevOps 的实现过程是一个旅程，这样的章节安排旨在引导读者逐步完成整个旅程。

- 第 1 章说明了为什么网络基础设施的传统运营模式需要改变，简要概述了 DevOps 如何解决传统模式的诸多问题，并探讨了 DevOps 未被广泛用于本地 IT 基础设施的原因。
- 第 2 章定义了业务转型的目标，讨论了模型驱动的 DevOps 的高级框架，并介绍了可信数据源和数据模型等概念。
- 网络基础设施要成为业务转型的推动者，就需要摆脱开箱即用的 CLI 管理模式。第 3 章说明了 API 是新的 CLI，并探讨了可以利用并扩展 API 的方法。
- 尽管能够利用 API 以编程方式使用网络基础设施，但读者不必成为一个程序员。第 4 章探讨了如何使用数据模型、可信数据源、配置管理工具和模板工具等将网络基础设施“变成”代码。这些工具让“基础设施即代码”成为可能，从而像在“云服务”中一样操作网络基础设施。
- 基础设施即代码非常强大，但与许多强大的东西一样，如果不加区分地应用，会带来很大的风险。第 5 章探讨了版本控制系统、数据验证工具、仿真平台和 CI/CD 的概念。这些工具共同实现了基础设施即代码的大规模安全使用以及自动化的合法性和安全性。
- 关于 DevOps 的书籍通常会侧重于“为什么”和“是什么”，但忽略了“如何做”。第 6 章整合前几章中介绍的概念和技术，将它们应用于模型驱动的 DevOps 参考实现。参考实现在 GitHub 上以代码仓库的形式发布，这样读者不仅可以获得模型驱动 DevOps 的实践经验，还可以修改或扩展代码以满足自己的实际需求。
- 本书的大部分内容都集中在实现模型驱动的 DevOps 的技术方面。然而，技术挑战只是旅程的一部分，涉及打破组织藩篱、文化变革和技能差距的人为因素也是必不可少的重要内容。第 7 章概述了为什么仅仅关注技术能力是不够的，还要关注实现 DevOps 的人为因素。

致　谢 Acknowledgements

本书除了作者团队的经验，还有许多信息都是由作者多年合作的公司、政府机构和地方组织提供的。我们要感谢美国海军上尉凯尔·图尔科，感谢他对本书相关内容的贡献。我们还要感谢思科系统公司的李·范·金克尔和红帽公司的杰拉尔德·戴克曼提供的合作和校对。此外，我们还要感谢克雷格·希尔和史蒂芬·奥尔的引导和指正。最后，还有一个由系统架构师和开发人员组成的团队，如果没有他们，本书的大部分代码都将不复存在——其中我们特别感谢史蒂文·莫舍、蒂姆·托马斯和米奇·米奇纳。

Contents 目录

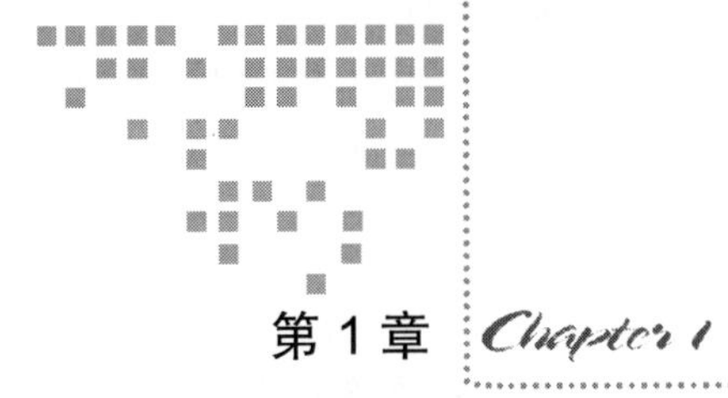

第1章 Chapter 1

顿开茅塞

DevOps的价值在今天的IT行业中还没有得到很好的理解，很少有在基础设施上成功应用它的案例。这是我们写作本书的原因，也是本书的独特之处。本章阐述了在IT基础设施上应用DevOps的价值。后续章节将为读者提供将DevOps应用于IT基础设施所需的代码、工具和流程，希望能让读者茅塞顿开。

1.1 企业IT成为业务风险源

网络管理在过去30年里并没有发生根本性改变，它在很大程度上仍然是一个手动操作的过程。当需要完成任务、解决问题或处理客户问题时，操作人员会敲击键盘开始输入任务和问题以寻求解决方案。这种方法在过去是可行的，但现在正成为许多IT组织的瓶颈。客户现在要求更快地推出新功能和新服务，这激发了更快地开发软件和应用程序的需求，进而推动了IT基础设施的快速虚拟化和云化。快速变革的需求暴露了网络（特别是物理网络）缓慢且不灵活的一面。虽然云上的网络虚拟化有助于提高敏捷性，但大部分网络仍然是物理网络。

不仅如此，操作人员倾向于以不同的方式执行书面描述的操作程序（MOP)。这种操作方式的结果是创建了一个不规则的网络，增加了配置不一致的可能性，从而影响了网络的性能或可靠性。

如今，我们经常在几乎没有文档的情况下对网络进行计划外更改。缺乏文档不仅是运维问题，还是潜在的合规性和安全性问题。

在企业IT领域，变更管理传统上是通过不频繁的变更窗口来进行的，许多复杂的非自动化变更都集中在一个窗口中。因此，变更进展缓慢且容易中断业务。这导致变更窗口发生的频率越来越低，每个窗口中的变更越来越多，业务中断的风险也越来越大。

下面以企业中典型的维护窗口为例，说明将会遇到下面所述的场景。

可怕的维护窗口

鲍勃是 ACME 公司的一名网络工程师。一天，鲍勃的经理珍妮来找他，说：“鲍勃，应用开发人员一直在要求数据中心更快地进行跨虚拟网络的配置和拆除。他们不断向 CIO 抱怨网络正在拖累他们，损害企业利益。在我们上一次团队会议上，你提出可以通过从现有的分布式接入架构迁移到基于 VXLAN（虚拟可拓展局域网）和 EVPN（以太网虚拟专用网络）的网络架构，来提高网络运营的敏捷性。我希望你在两个月后的下一次维护窗口之前完成此迁移。作为 ACME 公司的首席网络工程师，我对你充满信心。顺便说一句，你还记得上一次维护窗口使我们团队的业务离线 6h 吗？不要再出现那种情况了，不要让我失望。”

经过几周的研究，鲍勃权衡了每个设计选择的利弊，考虑了现有硬件的限制，设计了一个可以提高业务敏捷性的基于 VXLAN 和 EVPN 的新网络架构。

鲍勃认为，为了实现最佳方案，应尽可能详细地记录迁移到新网络架构所需的步骤。如果执行得当，这个计划可以减少维护窗口期间的错误风险。考虑到这一点，他前往 ACME 公司的网络工程实验室，但发现整个实验室只有几台路由器、一两台交换机和一个旧防火墙。鲍勃去珍妮的办公室询问该实验室网络的建设方案。珍妮皱着眉头，然后开始详细地讲述预算的紧张、网络硬件的昂贵，以及大部分预算都被用于保持网络正常运行和业务运转的网络工程师与操作人员的支出。她坦率地表示，没有多余的资金购买大量昂贵的实验室硬件，所以他需要尽量利用现有资源。毕竟，其他 IT 职能部门在计划、开发和测试方面并不需要大量额外的基础设施，他为什么需要呢？

鲍勃感到沮丧，但并没有气馁，他开始利用现有的资源设计最佳的迁移方案。由于没有一个典型的网络实验室环境，他只能在单个设备上进行一些配置测试，无法测试整个系统的功能。他使用了大量来自产品文档、互联网最佳实践和供应商网站的信息来进行“验证设计”。不幸的是，其中很少与 ACME 公司的网络情况吻合。

接下来的几周，鲍勃花费了大量时间完整记录迁移所需的每一步。这是一项困难且耗时的工作。在最后期限前的 48h，他完成了迁移方案，并详细说明了每个步骤。维护窗口即将到来，他需要在截止日期前对自己的工作进行同行评审。他将迁移方案提交给网络工程团队，以获得他们的认可。

团队一致同意，考虑到当前环境，鲍勃的迁移方案做得很好。鲍勃很高兴。然后拉里问道：“鲍勃，如果出现问题怎么办？你有回滚计划吗？”鲍勃一心只想确保迁移成功，以至于没有考虑如果出现问题或失败应该怎么办。现在推迟维护窗口为时已晚，所以鲍勃赶紧制定了一个回滚计划。

重要的日子终于到来了。现在是鲍勃和团队执行他们过去几个月一直在制定的方案的时候了。当所有相关部门代表都在场时，可以正式开启维护窗口。网络团队的成员开始按照鲍勃的 VXLAN 迁移计划，逐个使用 CLI 配置网络设备。鲍勃和团队先执行了所有非中断任务，以最小化停机时间。完成所有非中断任务后，开始迁移中断部分。这一步需要在多个不同设备上执行一系列 CLI 命令。在执行这些命令的过程中，网络将在不同时间段内不可用。当所有设备的变更完成后，网络应该上线并在新的 VXLAN 控制平面上运行。团队开始按照迁移计划执行最后一系列中断性 CLI 更改。经过大约 20min 的网络中断后，团队完成了所需的更改。鲍勃、网络团队和其他 IT 功能的代表们都急切地等待网络恢复。他们都在各自的领域进行测试。鲍勃登录了几个设备的 CLI 界面，以验证网络是否按预期运行。然而，5min 后，显然出现了一个问题，端到端连接没有恢复。鲍勃发现是三个交换机的配置有问题。由于某种原因，一个前缀列表没有正确应用到这三个交换机上，导致关键的控制平面流量被丢弃了。他询问谁配置了这些交换机，拉里慢慢地举起了手。拉里抗议说他严格遵循了说明，肯定是其他问题。经过一番争论，鲍勃和拉里发现，在拉里试图复制粘贴配置时，一行末尾漏掉了几个字符。虽然不太开心，但鲍勃和拉里很高兴找到了问题，并将正确的配置复制粘贴到每个交换机中，等待网络恢复。又过了 5min，网络还是没有恢复，他和团队继续排查故障。30min 后，他们将问题缩小到交换机软件版本不兼容。调试消息显示，由于验证错误，某些控制平面的流量在不同软件版本的交换机之间被丢弃了。如果鲍勃在实验室中有两个软件版本，也许能更早发现这个问题，可惜没有。

迁移尝试失败了，他认为恢复服务最快的方式是执行回滚计划。团队开始逐台执行回滚计划，逐步撤销 VXLAN 配置，15min 后完成了回滚计划，令人难以置信的是，连接仍未恢复。过了一段时间后，鲍勃发现他的回滚计划存在缺陷：回滚计划删除了先前配置所需的一个本地回路接口。鲍勃忘记这是一个先前配置与 VXLAN 配置共享的资源。如果可以正确验证计划，这个问题本不会发生！团队迅速重新配置所需的本地回路地址，5min 后完全恢复网络连接。其他 IT 功能验证了各自的服务，业务宣布重新上线。当 CIO 离开时，她说："我希望明早第一时间在我桌上看到完整的事后总结。"

珍妮加班帮鲍勃为 CIO 编写事后总结。他们开始列出所有出错的地方。鲍勃说："我们必须找到更好的方式。"珍妮回答说："我同意。这样下去，我们将很难幸运地进入下一个维护窗口。"

1.2 灾难现场的观察结果

在前面的场景中，维护窗口延期导致任务未能按时完成，并且还中断了业务，造成了资源的浪费。虽然这个例子显然是虚构的，但它说明了运营网络的许多问题。在正常情况下，这些问题不太可能同时发生并且导致如此灾难性的后果。然而，只要它们发生的频率足够高，网络工程师和运维人员就不得不在生产环境中进行复杂的更改，而且往往没有进行测试，这样的后果非常严重。接下来的几节将详细阐述当今工作方式中存在的一些问题。

1.2.1 缺少良好的架构

鲍勃提出的新架构只是一个概念性网络架构。他没有资源在测试环境中实际验证这个架构，这导致了两个问题：

- 没有发现软件存在不兼容性，发现的时候为时已晚。
- 无法测试回滚计划，也没有发现删除本地回路接口的问题（即共享资源）。

准确测试变更和评估对生产环境影响的能力对降低风险至关重要。

1.2.2 人为错误

人为错误的原因包括压力太大、进展过快、无聊、分心或仅仅是“状态不佳”。我们都不同程度地有过这些经历，可能导致以下典型错误：

- 打字错误。
- 复制粘贴错误。
- 过程中的步骤遗漏。
- 对书面说明的理解不同。

1.2.3 人比机器慢

即使假设人不会出错，通过 CLI 逐个设备进行管理和读取，然后输入或复制粘贴命令所需的时间仍然是一个问题。我们无法消除人为错误，这意味着完成某个步骤需要更长的时间。由于人为错误，一切都需要更长的时间，例如配置更改、验证测试和可能需要的任何故障排除。

1.2.4 自动化测试缺失

网络与其他 IT 功能的一个不同之处在于，网络有可能中断所有其他功能。当对网络进行更改时，所有其他 IT 功能都成了利益相关方。在鲍勃的案例中，所有利益相关方都需要在执行变更时列席，以便在迁移完成后验证各自的服务。这导致了巨大的浪费，主要是因为今天大多数 IT 功能都不使用任何自动化测试。

这种方法的代价主要体现在两个方面：

- IT 职能各自为政，例如，对存储、计算、应用程序或客户网络连接的任何验证都意味着正在消耗这些区域的资源。
- 手动执行验证步骤速度慢且容易出错。

1.2.5 恶性循环

如案例所示，IT 基础设施的变更会导致业务中断风险，这种风险通常是不可避免的。业务中断风险会导致恶性循环。如果上次变更时业务被中断，那么管理层对于进行下一次变更会更加犹豫。在此期间，变更请求会积累，直到不能再拖延。这种情况导致了下次批准维护窗口时会有更多变更，这些变更会更加复杂，并带来更高的业务中断风险。其结果是，允许变更的频率会降低，未来的变更会越来越有可能中断业务。

1.2.6　缺乏敏捷性

即使鲍勃保证在特定变更期间能使业务中断的风险最小化，如今的运营模式也意味着他必须等待这些变更被安排到维护窗口中。这种延迟导致企业对不断变化的需求反应迟钝。为了在当今竞争激烈的环境中蓬勃发展，企业必须找到一种更加敏捷的方法。

1.3　DevOps

该如何摆脱这种恶性循环，让企业 IT 重新被视为业务转型的引擎，而不是重大风险的源头？可以使用 DevOps 工具和流程。

仅自动化本身就可以解决今天运营模式的许多问题。例如，自动化可以减少人为错误的可能性，并可以加快变更和验证流程的执行。除了速度上的优势，自动化覆盖的规模也远超人工手动的方式。然而正是在这个规模上，体现了自动化的主要缺陷：如果使用不当，会导致 IT 运维人员对业务造成大面积中断。这就是自动化直到今天也没有在企业 IT 中广泛使用的主要原因。

DevOps 起源于对大规模 Web 应用进行安全自动化的需求。当你的应用需要扩展到支持数百万用户时，实现这一点的唯一方法就是自动化。人工在键盘上输入根本行不通。此外，当你的应用为数百万人提供服务时，错误的后果是灾难性的。至少，大规模中断会导致数千万美元的损失，对许多企业来说可能是生死攸关的事件。

1.3.1　什么是 DevOps

我们将 DevOps 定义为文化、工具和流程的组合，目的是：

- 加速新服务交付。
- 扩大服务规模。
- 提高服务质量。
- 降低风险。

1. 自动化

运营模式的一个基本主题是自动化。引入人工流程会导致许多不良结果，例如基础设施适应缓慢以及业务中断频繁。如今，企业的信息技术部门通常都有明确的指南来降低基础设施更改时中断的风险。这些流程通常在 Word 文档中详细说明，员工应该准确遵循这些步骤。简而言之，运营模式旨在实现每个阶段的自动化，包括从更改请求到功能测试，再从安全测试到更改审批，最后是部署到生产环境。

2. 基础设施即代码

运营模式的另一个反复出现的主题是“基础设施即代码”的概念。在实践中，基础设施即代码意味着使用工具（如 Ansible 或 Terraform）在可读的文本文件中描述基础架构，这些文件通常采用 HCL、JSON 或 YAML 等格式，然后使用这些文件来配置特定应用程序所需的计算、存储、网络、安全性等功能。这种方法的优势如下：

- 能够在文本文件中表示基础架构意味着可以利用通用版本控制工具（如 Git）来跟踪变更、保留备份并以可操作的方式与他人协作。
- 一般而言，用于将基础设施描述为代码的格式是可读的，即允许通过直接或以编程方式编辑文件来快速对基础设施进行更改。
- 将基础设施描述为代码意味着它是可重复的。基础设施可以配置一次、两次或一千次，每次都会以相同的方式部署。

3. 持续集成 / 持续部署

持续集成（CI）/ 持续部署（CD）是一种 DevOps 模式流程，对于实现加速交付、提高质量和降低风险等目标至关重要。持续集成是将对应用程序、服务或基础架构所做的更改持续集成到主干或最新分支的过程。基于“基础设施即代码”的概念，自动化被用于在测试环境中实例化应用程序、服务或基础架构的副本，并在检测到更改时运行一系列单元或功能测试。如果所有测试都通过，则将变更集成到当前的主干中；否则，变更将被拒绝。持续部署将流程进一步发展，并在成功完成所有单元和功能测试后，自动将变更部署到生产环境中。对于新应用程序或服务，通常首先启用 CI，然后在流程运行正确且测试足够全面后，启用 CD。

1.3.2 应用程序与基础设施

有人认为应用程序和基础设施有许多不同，所以 DevOps 可能无法有效地应用于基础设施。基础设施确实不同，尤其是网络基础设施，通常由物理硬件组成，配置物理硬件并不像在 AWS 中配置完全虚拟化的网络那么容易。

以 CI/CD 为例，在 Web 应用程序领域，“基础设施即代码”很容易对应用程序进行实例化并在云环境中进行测试。这些工具和平台支持动态配置，甚至会重新按需动态配置基础设施。然而，能够重新动态配置和调用物理网络拓扑是不可行的。这一直是 CI/CD 没有被网络基础设施采用的主要原因之一。

在过去的几年里，这一领域已经取得了重大改进，比如像思科建模实验室（CML）这样的平台可动态地提供任意的网络拓扑，并动态地重新配置这些拓扑。此外，可以访问越来越多的虚拟网络功能（VNF），从而能够以更高的保真度来模拟网络拓扑。

有了这些新功能，就可以模拟网络拓扑，并开始考虑将真正的 CI/CD 应用于网络基础设施。如果鲍勃有能力模拟生产环境的网络，将大大降低在维护期间业务中断的风险。

1.3.3　利用大规模自动化

IT 基础架构团队传统上对自动化持怀疑态度，这是有充分理由的。虽然通过自动化实现的速度和规模可以带来巨大的好处，并为业务增加了真正的价值，但它们也放大了错误的后果，因此也增加了风险。换句话说，自动化允许运维人员比以前更快、更彻底地破坏 IT 基础设施。

DevOps 是出于大规模利用自动化的需要而创建的。网络规模的应用程序需要自动化来实现所需的敏捷性和规模，但它们也需要稳定性、可预测性并低风险地将变更注入环境。当将自动化与基础设施即代码结合起来并将其包装在 CI/CD 流程中时，就可以协调这两种相互竞争的需求并为业务提供真正的价值。

1.4　为什么企业 IT 部门不采用 DevOps

如果采用 DevOps 的理由如此令人信服，那么每个地方的 IT 部门都应该已经在使用它来更好地交付应用程序、服务和基础设施。然而，现实情况是，许多 IT 部门仅仅才开始涉足应用程序的 DevOps，大多数 IT 服务和基础设施仍然以过去 30 年的方式来运营。为什么企业 IT 部门不采用 DevOps ？造成这种情况的原因主要有人为因素和业务因素。

1.4.1　人为因素

1. 惯性效应

IT 部门致力于规避风险。因为他们的任务是保持业务运行，满足合规性要求，并确保业务安全，这存在着很大的惯性。改变运营模式意味着将风险引入环境，而所有这些变更操作都可能会带来严重的错误后果。如果改变是有风险的，而且风险是不可接受的，那么最好的做法就是维持现状。

DevOps 是提升速度、规模和灵活性的关键，也是安全地完成这些任务的关键。随着 IT 专业人员越来越意识到这一事实，DevOps 将被视为一种加速业务同时降低风险的方式。然而，即使这一概念得到了普遍理解，IT 专业人员希望立马实施 DevOps，他们仍然会遇到另一个大问题，那就是缺乏相关的技能。

2. 提升技能

DevOps 需要 IT 专业人员提升技能，即学习新技能。对于非软件开发背景的人来说，需要学习 DevOps 中使用的工具、流程和术语。例如，版本控制系统、自动化语言、编程语言、API、数据格式和构建服务器等都是典型的软件开发人员熟悉的，而 IT 运营人员则不一定要熟悉。

学习新技能是必要的，DevOps 不需要每个人都成为程序员，只要大多数人能够掌握 DevOps 的词汇，并通过 API 和数据格式掌握一些技能就足够了。IT 员工不需要从头开始构建 CI/CD 流水线，只需修改 YAML（YAML Ain't Markup Language）格式实现基础设施即代码就行。因此，尽管需要学习新技能，但对于大多数 IT 员工来说，这些技能只是典型“程序员”技能的一小部分。

以网络工程师为例，他们多年来积累的宝贵技能和知识是非常重要的。对协议交互和对简单网络变化的非线性响应的深入了解是确保网络保持健康和健壮的关键。程序员进行代码的设计、开发和调试的方式与网络工程师在“有生命的、有呼吸的”网络上进行操作的方式非常不同。因此，我们希望用 DevOps 改进现有的技能和方法，而不是取代在 IT 员工。

1.4.2 业务因素

1. 风险规避

在 IT 部门中遇到风险瘫痪的情况并不少见。前文介绍了企业规避风险的各种方式以及今天的运营模式如何加剧了这种状况。

DevOps 是摆脱这种局面的一条途径。以网络安全为例，如果我们在将网络部署到生产环境中后才发现安全问题，这是一种被动的方式。我们可以采用 CI/CD 主动模型，在部署之前进行自动的安全验证。一个自动化的过程允许在进行更改时插入一组详尽的安全测试和验证，这将大大降低风险。

2. 短期思维

短期思维作为不做某事的理由当然不是 DevOps 独有的。企业通常很难为未来投资，因为成本可能会很高，投资回报率也不清楚。DevOps 不仅仅是运营模式的改变，它涉及技能、文化、工具和流程的变化。简而言之，为了改造企业以迎接未来，今天需要做一些牺牲。

但是，如今只关注“保持事物运行”是很常见的，现如今劳动密集型的运营模式仅仅为了保持事物运行就需要大量成本。

3. 对 DevOps 的价值理解不足

在正常情况下，只要正确理解并能够量化回报，企业就倾向于做出正确的投资。DevOps 的价值没有得到理解的一个重要原因是企业似乎总有“更重要的”事情要做。本书的主张是，在当今 IT 中，几乎没有什么比成功实现 DevOps 更重要的事情了。对许多企业来说，他们的生存将取决于此。

第2章 Chapter 2

良方妙法

本章主要进行技术准备，说明如何实现网络基础设施即代码，并使用DevOps安全地完成自动化。

“英雄”的利与弊

事实证明，许多IT团队中都有一位（或多位）“英雄”。这是每个人遇到困难时都会去求助的“及时雨”。英雄们伟大，但通常也有明显的弱点。

首席信息官海莉开始担心将新业务的应用程序部署到环境中所需的时间。在过去的几年里，她收到了大量来自应用程序开发人员的投诉，抱怨IT基础设施团队在配置新资源或更改现有资源方面速度缓慢。她心想：“工作需要加快。”她领导了几次内部讨论，旨在找出低效率的根源，但IT团队似乎总是忙得不可开交。现在没有预算来增加人员，以前也很少有，她决定外聘顾问来分析ACME公司的IT状况，也许他们可以弄清楚这里到底发生了什么。

海莉记得在最近一次IT会议上听过一次演讲，会上来自咨询公司Lightspeed的代表介绍了一家著名的财富100强公司的IT自动化案例。他们详细讨论了DevOps以及它如何彻底改变应用程序的交付方式。与所有优秀的CIO一样，她已经意识到DevOps对应用程序交付的好处，例如提高速度、规模和质量。所以她拿起电话，拨打了Lightspeed公司的号码。

经过一些初步讨论，海莉得出了一些结论。很明显，为了提供最佳建议，Lightspeed公司必须深入了解ACME公司的工具、流程和文化。海莉同意聘请一位Lightspeed顾问为IT员工提供一个月的培训，以使他们真正了解每个IT员工的日常工作。月底时，顾问将提供一份关于调查结果和建议的报告。Lightspeed派出一位经验丰富的顾问，名叫丽塔，她将在ACME公司进行一个月的调研。

周一早上，ACME 公司的网络经理珍妮召开了一次员工会议，介绍了丽塔，并告知他们丽塔将在接下来的几周内与他们一起工作。珍妮说："丽塔来自 Lightspeed 咨询公司，她将在下个月和每个人一起工作一段时间。"一听到这个消息，网络团队一片嘈杂。"我希望大家都能尊重丽塔并充分参与这项活动。"尽管珍妮知道她需要配合 CIO 的计划，并在团队面前表现得很热情，但她也想知道这次咨询是否是在浪费时间。这并不是团队第一次与咨询顾问交谈，之前他们被告知他们需要"更聪明地工作，而不是更努力地工作"。毕竟，珍妮知道解决许多问题的方法是自动化，但似乎总有更重要的事情要做。而且，他们早期的自动化尝试很糟糕，所以现在他们对此犹豫不决。

这周的晚些时候，首席网络工程师鲍勃在去办公室的路上看到丽塔正在门外等他。她说："早上好，鲍勃！今天我想和你一起具体了解一下你的日常工作。你的同事们都说你是一个努力让事情办好的人！"鲍勃叹了口气说："是啊，有时候我真希望有两个我。进来吧，我们看看今天有什么安排。"丽塔和鲍勃坐下来登录 ACME 公司的工单系统，看看鲍勃的任务队列中有什么。

在接下来的一个月里，珍妮开始清楚地意识到，丽塔比任何其他网络工作人员都更关注鲍勃。有一天，珍妮在走廊上看到丽塔，就问她为什么。丽塔笑着说："嗯，我发现鲍勃似乎参与了几乎所有的网络变更，无论他是否愿意参与！"珍妮说："他绝对是我合作过的最好的网络工程师之一。我一直知道他对我们的运营很重要，但我不明白为什么一切都围着他转。"丽塔回答说："鲍勃绝对是一位杰出的工程师。"

月底，丽塔收集了足够的数据并详细记录了 ACME 公司的 IT 流程，她准备向 CIO 展示她的发现。她在会议开始时说道："总的来说，您应该知道，ACME 公司的 IT 员工是我担任顾问期间共事过的最优秀的员工之一。此外，现有的流程与我们通常在类似规模的组织中看到的流程一致。换句话说，我想给你举几个例子，说明我在 ACME 公司与你的团队合作时目睹的总体趋势。"然后，丽塔开始用三个不同的场景来说明了她的观点。

在第一种情况下，ACME 公司的业务应用程序开发人员通过 IT 服务管理（ITSM）系统请求了一个新的虚拟网络。尽管新的虚拟网络请求理论上可以由网络团队的任何人来处理，但实际上总是由鲍勃来处理这些工单，因为他是维护"电子表格"的人。丽塔解释说，"电子表格"实际上是 ACME 公司网络信息的可信数据源（SoT）。它包含网络的组织、分配和追踪方式，但却仅由一个人手工维护。丽塔说："ACME 公司在通过 ITSM 管理创建、更新和删除过程方面做得很好，但是将这个任务仅仅分配给一个人是不理想的，无论鲍勃在维护电子表格方面有多么出色。这种分配方式阻塞了许多其他的任务，使得业务团队不得不等待新的网络分配。此外，有一次鲍勃那天特别紧张，当分配新网络时，他在子网掩码中打错了一个字符，结果导致了部分网络下线。"

丽塔描述的第二个场景也是从一个工单请求开始的。这次，一名应用程序所有者需要修改相关的安全策略，以便流量可以访问云中的新 API 端点。当时，丽塔碰巧正在与一位年轻的网络工程师合作，他接手了这个工单。虽然他具备修改防火墙的必要技能，但他将工单转给了鲍勃。当丽塔问他为什么时，他说："在ACME公司，修改安全策略是一项风险非常高的活动。我曾经按照应用程序所有者的要求对访问控制列表进行了更改。第二天，我们的网络安全办公室找到了我，并责怪我导致了违规事件。因此，我让鲍勃来完成这些更改，因为他具备必要的人际关系和对所有系统的了解。"

"最后一个例子有点尴尬，"丽塔说，"ACME公司的一个合作伙伴需要与B2B网络连接。这些B2B连接的BGP配置很复杂，只有鲍勃有足够的技能和经验来安全地建立它们。鲍勃是一位可靠的雇员，通常可以在他的办公室找到他，但是那天他的办公室门关着，他也没有接电话。网络团队有点恐慌，但是没有人想在没有鲍勃的情况下建立这个连接，因为风险太大了。那天下午，鲍勃走进办公室，几乎被网络团队拦住。"你去哪了？我们一整天都在找你！"他们惊叫道。"你知道他的回答是什么吗？"丽塔说。此时，海莉开始感到有点反胃。"他说他在你的湖边别墅安装了一个新的Wi-Fi系统，"丽塔解释道。"哦！不！"海莉悲叹道，"我真的需要安装Wi-Fi才能在度假时访问ACME公司的网络，这样我就可以参加一些重要的会议了。鲍勃是我唯一的选择，他工作又快又好。"

"我想我明白你的意思。"海莉说道，"鲍勃是我们许多IT运营操作的瓶颈。也许我应该解雇他？"大家笑得很尴尬。"相反，鲍勃是ACME公司IT运营的英雄。"丽塔回答道。"根据现在的运作方式，真正的风险是，如果鲍勃出了什么问题，你可能会看到业务出现重大中断。我的建议是开始寻找方法来更好地扩展鲍勃的知识和专长。将卡在鲍勃这里的任务自动化，简化操作并提高业务的敏捷性，从而使鲍勃有更多机会为业务创造更大的价值。""听起来很好。我很想把鲍勃的工作自动化，"海莉说道，"但是我们过去尝试过一两次自动化，似乎引起了更多的运营问题。"丽塔点了点头。"我同意，"她说道，"许多人都有类似的经历，这就是为什么DevOps已经成为一家公司安全推进自动化的主要运营模式。确实需要在工具、文化和技能方面进行调整，但它是摆脱你目前困境的方法。如果你开始将基础设施视为代码，并使用明确定义的模型来重用工程师们的知识，那么你将可以应对环境的变化。同时，这将提高敏捷性、合规性和安全性，并最终从你的IT基础设施中释放出巨大的业务价值。"海莉思考了一会儿，然后说："我同意了。告诉我更多关于我们如何过渡到基础设施即代码和模型驱动的DevOps的内容。"

丽塔和海莉同意在几天后会面，制定一个计划来改变ACME公司的现状。虽然已经很晚了，但海莉决定在离开的时候去一趟鲍勃的办公室，让他知道她非常感激他在支持业务方面所做的努力。当她走近鲍勃的办公室时，她听到他在电话里和某人交谈。她犹豫了一下，听到他说："对我来说，这听起来像一个很好的机会。这份工作的薪水是多少？"短暂的停顿后，他说："哇，那比我现在赚的要多得多，而且我有时候觉得没有人真正理解我在ACME公司的真正价值。让我考虑一下，然后回复你。"鲍勃挂断了电话。海莉自言自语："我最好快点行动，同时也为鲍勃提供更有趣的工作机会。"她决心马上行动，并走进鲍勃的办公室，与他讨论基础设施自动化、DevOps以及ACME公司IT运营即将面临的激动人心的改变。

2.1 目标：业务转型

处理任何项目的第一步是问自己：“我们想要实现什么？”如果你的目标只是为了自动化处理事务，那么你应该进一步明确目标，因为这个目标非常模糊，很难或者不可能实现。如果没有具体的目标，那么你应该关注业务转型，也就是说，所做的事情应该对你的业务产生实质性的积极影响。可以先从运营工作队列开始。比如，鲍勃在 ACME 公司是工作队列中的核心人物。由于鲍勃要处理许多事，部分工作通常会被耽搁。通常情况下，组织大部分时间都会被一些容易识别的工作流程所占用。当这些操作被自动化后，节省下来的时间可以用来专注于更多的工作流程。

2.1.1 IT 设施的瓶颈

约束理论指出，除瓶颈之外的任何改进都是一种幻觉（Eliyahu M. Goldratt，2014）。这意味着，如果一个流程对业务没有拖累，那么对它进行自动化就没有积极影响，反而会浪费时间和金钱。因此，自动化应该从 IT 设施的瓶颈开始，首先要识别 IT 设施最重要的输出以及当前的瓶颈是什么（见图 2-1）。

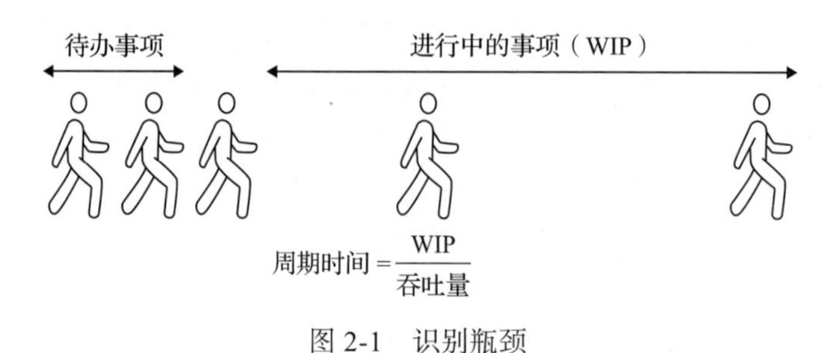

图 2-1　识别瓶颈

通常情况下，自动化将为业务带来两个主要的改进：更快地提供客户价值和加快解决问题的时间（见图 2-2）。

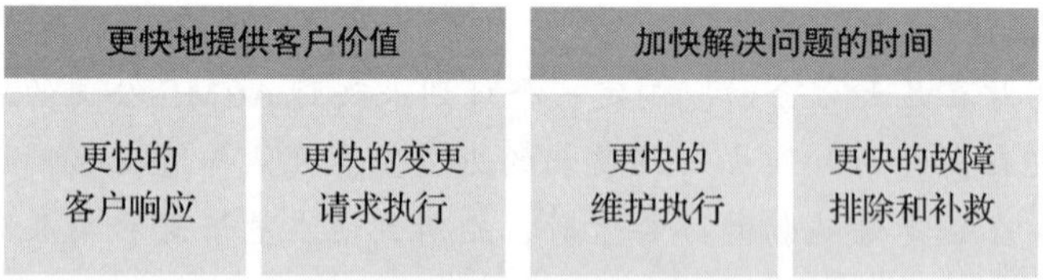

更快地提供客户价值		加快解决问题的时间	
更快的客户响应	更快的变更请求执行	更快的维护执行	更快的故障排除和补救

图 2-2　自动化的好处

当企业能够更快地提供客户价值（例如，提高客户响应速度和变更请求执行的速度），通常会带来更多的收入。加快解决问题的时间（例如，减少维护时间和故障处理时间）可以降低运营成本并提高客户满意度。它们将为企业带来真实、可感知的改进。

因此，必须要将重点放在自动化业务流程上，不能局限于人为因素。事实上，自动化业务的最佳实现方式是从流程中移除人工参与，或者至少从客户需求和需求的交付之间的价值链中移除人为因素。

2.1.2　业务转型

识别 IT 运营中的瓶颈是实现业务转型的第一步，也是最重要的一步。然而，业务转型并非一蹴而就，这是一个旅程。我们可以将这个旅程视为一个循序渐进的过程，在几个领域建立专业知识是其中的一部分（见图 2-3）。

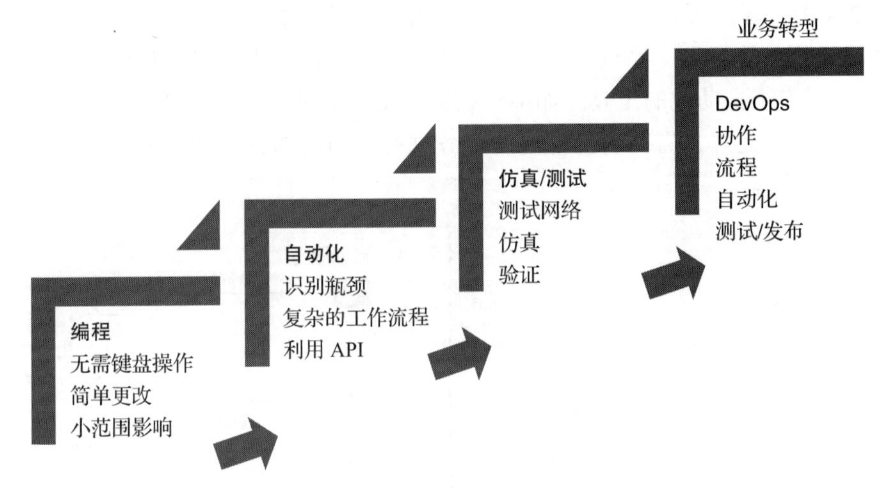

图 2-3　业务转型之旅

通过编程（而不是手动方式）对设备上的设置进行更改是消除设备手工操作的第一步。重点是逐个进行更改。通常情况下，按设备逐个进行此类更改几乎没有风险，但价值很低。重要的是要了解每个基础设施的可编程能力，组织必须具备（或获取）练习这些能力的技能。

要真正加快工作流程，需要利用编程来完成一系列任务，这就是自动化。然而，提高操作速度并不总是一件好事。例如，如果自动化了糟糕的流程，那么只会更快地制造糟糕的结果。此外，如果以错误的方式自动化了一个好的流程（可能是因为代码中的错误），那么可能会比一开始没有自动化时面临更多的问题。因此，对自动化进行仿真和测试非常重要。

仿真 / 测试需要自动化，以便定期且严格地进行。DevOps 的成功高度依赖于仿真 / 测试的覆盖范围和准确性。如果在发布之前无法捕捉错误，您将得到一个不稳定的系统，可能会造成比您试图解决的瓶颈更大的损害。每个发布版本的验证也需要自动化，因为这是在影响客户 、可能影响生命、财产或财务收入之前捕捉错误的最后一道防线。

2.1.3　DevOps 行动手册

当一个组织考虑如何自动化业务流程时，重点必须是减少客户请求新服务和他们收到该服务之间的时间。人工活动通常不是减少延时的最佳方式，这就是应用程序编程接口的用武之地。API 允许自动化每个步骤的流程。

例如，当用户想要为新服务器添加防火墙异常策略时，用户可以转到自助服务门户提出该请求。然后，该请求可以经过审查流程，以确保其与业务策略相一致（希望自动完成）。在获得批准后，IT 服务管理（ITSM）通过 API 触发自动化框架来开始提供服务。这种方法的优势是：

- 将网络团队从 CRUD 流程中移除。
- 允许网络团队定义并围绕如何执行网络更改来设置检查。

在图 2-4 中，客户无须人工参与即可请求复杂服务。DevOps 不仅仅是自动化，它还包括提供服务的工件开发、测试、部署和验证。虽然在过程中仍可以保留工作人员，但是 DevOps 提供了安全自动化的工具。如果正确地开发和测试自动化工件，可以合理地确保过程不会出现问题。此外，需要对已部署的服务进行适当的验证，如果有必要，可以快速回滚到之前的工件版本。

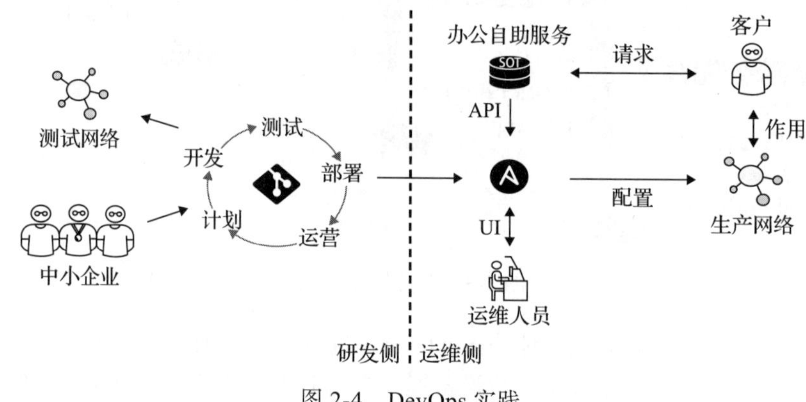

图 2-4 DevOps 实践

2.2 为什么选择模型驱动的 DevOps

为了更好地交付和改进软件，组织需要采用某种形式的 DevOps。事实上，我们每天使用的大部分软件（包括你现在可能正在使用的一些软件）都是使用某种模型来推送代码更新的。这个概念并不新鲜。然而，最近，IT 行业开始将重点从软件转向 IT 基础设施，例如网络。这种转变是有道理的，因为如果用户无法访问你的应用程序，无论你如何实施 DevOps 都没有意义。敏捷应用程序依赖于网络，这意味着你的网络需要像交付软件一样敏捷和灵活。

2.2.1 网络基础设施的不同之处

如果网络需要敏捷而灵活，那为什么 DevOps 还没有广泛应用于网络呢？事实证明，使用应用程序和软件比使用网络更容易实现 DevOps，原因如下：

- 大范围影响。网络比大多数应用程序甚至运行应用程序的系统更加复杂且牵连广泛。一个网络元素（例如交换机、路由器或防火墙）可以支持数百个系统的操作，对该网络元素的更改可能会影响其他数百甚至数千个系统。由于基础设施中的一个错误会产生如此大的影响范围，速度并不总是一件好事。
- 不一致的 API 或没有 API。因为大多数网络服务基于嵌入式系统，以编程方式配置它们的 API 需要更长时间来开发和标准化。此外，大多数基础设施（包括了无法升级以支持现代 API 的设备）只能使用命令行界面进行配置。虽然有办法将自动化应用于这些传统接口的使用，但交互效率较低，变更也不具有确定性。
- 复杂的真实数据要求。可信数据源，或者用于配置典型网络设备的键值对集合（例如，Ethernet1/2 的 IP 地址为 1.2.3.4/24），比应用程序和被管理的系统大得多。一个大型路由器或防火墙可能有 10 000 多条信息组成的设备配置。这个问题有时更加复杂，给定网络的可信数据源通常分布在几个系统（IPAM、CMDB 等）中，而且通常以文档形式存在，难以用编程的方式访问信息。
- 物理网络是主要依赖。因为网络是所有虚拟事物的基础，所以网络是真实的物理存在。但是，为物理网络构建测试网络更加困难，因为它们昂贵且复杂。虽然在能够代表物理网络元素的高保真 VNF 方面已经取得了许多进展，但还是有一些领域只能用物理网络来完成测试。

2.2.2 什么是模型驱动的 DevOps

模型驱动的 DevOps 是一种将 DevOps 应用于网络的简化方式。它使用标准数据模型来组织复杂的配置，并从设备中提取键值对信息，将它们放置在一个集中的可信数据源中。它使用虚拟网络功能来模拟环境，在进行生产环境变更之前进行准确的测试。模型驱动的 DevOps 是组织让网络与其交付的软件一样敏捷的一种方式。为了实现这一点，我们依赖于以下原则：

- 采用数据模型。
- 集中的可信数据源。
- DevOps 作为一个框架。

2.2.3 什么是数据模型

数据模型是一种组织和构造数据的方法。如前所述，将 DevOps 应用于网络时面临的一个重要挑战是每个设备或配置所需的数据量。在考虑网络自动化之前，提取大量的数据并将其转化为标准化数据模型是关键的第一步。

数据模型可以看作类似构建房屋的蓝图。创建蓝图可以让您在施工开始之前与建筑师达成一致，并让所有相关人员步调一致。房屋的主人知道预期的结果，并能够准确地完成预算，而建房的人知道应该使用什么材料，能够制定计划并开始施工。

1. 数据模型 vs 文本配置

对于那些使用文本配置的人来说，使用数据模型描述的数据可能是一个陌生的概念，但是翻译过程相当直接。例如，如果查看清单 2-1 中显示的 BGP 对端的文本表达，可以看到一个典型的基于 Cisco IOS 设备的 BGP 配置。

清单 2-1　BGP 对端的文本表达

```
router bgp 65082
no synchronization
bgp log-neighbor-changes
neighbor 10.11.12.2 remote-as 65086
no auto-summary
```

如果将用于设备配置的信息提取，并以键值对的形式存储在数据结构中，会得到类似于清单 2-2 中显示的输出。

清单 2-2　BGP 对端的 YAML 表示

```
bgp:
  global:
    config:
      as: 65082
  neighbors:
    neighbor:
      - neighbor_address: 10.11.12.2
        config:
          peer_group: TST
          peer_as: 65086
```

清单 2-2 将 BGP 对端表示为由 OpenConfig BGP 数据模型指定并以 YAML 格式呈现的结构化数据。尽管有些人认为它不够直观，但它对自动化帮助很大。在这种格式中，可以轻松地对其进行编程操作，并根据模型定义和元数据格式对数据结构中的值进行验证。

2. 标准数据模型

数据模型有助于组织和构造数据，但是过多地使用数据模型可能会带来问题。例如，三个不同的供应商可能使用三种不同的数据模型，并通过各自的 API 配置他们的设备。

为了适应这种情况，必须将标准数据模型转换为每个 API 使用的特定设备数据模型。这种转换通常会增加每个工作流程的复杂性，并且每个接入网络的特殊设备进一步增加了工作流程的复杂性（见图 2-5）。在大多数情况下，转换需要在代码中实现，并且根据需求进行转换，因此代码可能会变得非常复杂。由于需要为每个特殊设备进行数据转换，所以复杂性与网络的多样性成正比。

3. OpenConfig

根据项目的大小和规模，可以选择开发自己的数据模型，以便灵活地满足即时需求。

尽管这种方法牺牲了互操作性，但可以在减少总体开发工作量的同时提高项目的成功率。

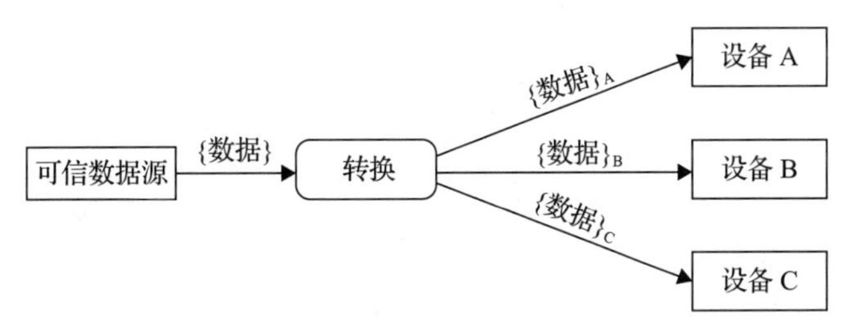

图 2-5　在不同模型之间转换数据

还有一种解决这种复杂性并保持供应商中立性的方法，就是使用标准数据模型作为可信数据源。有多种方法可以做到这一点，每种方法都有其优缺点。对于支持大型网络的组织来说，使用标准数据模型（如 OpenConfig）更有意义。尽管这不是唯一可用的标准数据模型，但它拥有最全面的支持供应商列表，旨在满足实际的运营需求。它的中立性确实引入了一些限制，尤其是在支持供应商特有的功能时，但随着标准数据模型的广泛使用，应该通过开源贡献来克服对供应商特有功能的有限支持。在此之前，一些 OpenConfig 模型将需要使用供应商的原生模型进行增强。

如图 2-6 所示，在确定了一个标准模型之后，可以极大地简化数据在系统中的移动。

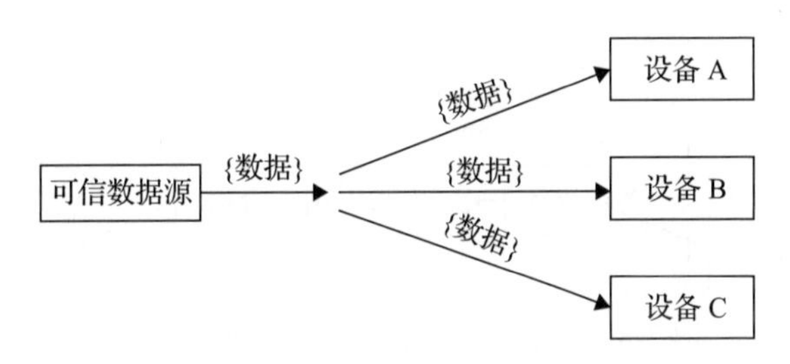

图 2-6　相同的数据模型在多个设备上使用

并非每个可信数据源都使用 OpenConfig，也并非每个设备都支持 OpenConfig。但是越来越多的网络设备开始兼容 OpenConfig，并且通常可以根据需求存储可信数据源。如果您的网络设备不支持 OpenConfig，那么就需要手动转换。

图 2-7 展示了一个灵活的模型，可以同时支持原生和非原生的 OpenConfig。在图 2-7 左侧，一个可信数据源原生支持 OpenConfig，而另一个则不支持。如此一来，原生支持 OpenConfig 的可信数据源可以直接与兼容 OpenConfig 的设备一起使用，而不需要任何转换。而不支持原生 OpenConfig 的可信数据源则需要使用一个翻译功能（图中的 Xlate）将可信数据转换为 OpenConfig 模型。在图 2-7 右侧，一个设备原生支持 OpenConfig，而另一个则不支持。对于不支持的设备，我们引入一个平台，将 OpenConfig 模型数据转换为该设备支持的模型。通过使用 Xlate 和平台，该模型既支持非原生 OpenConfig 功能，同时享受使用 OpenConfig 模型所带来的优势。

图 2-7 支持原生和非原生的 OpenConfig 的可信数据源模型

上述模型只适用于一切都已经原生支持 OpenConfig 的理想情况。然而，即使不是这样，在将翻译数据推送到数据流的边缘时，仍然可以获得显著的效率提升。首先，为所有工作流一次性进行翻译比为每个工作流临时进行翻译要好。其次，如图 2-8 所示，诸如验证和合规性检查等常见操作要高效得多，因为它们只需要针对单个数据模型执行一次操作。

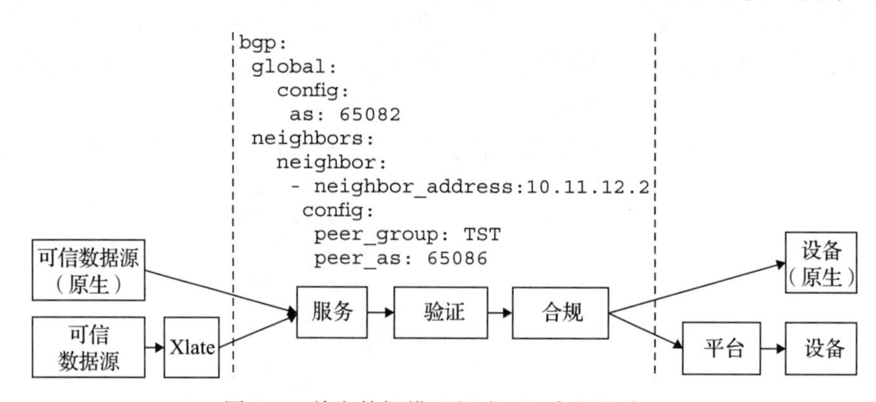

图 2-8 单个数据模型的验证和合规性检查

例如，即使是创建一个简单的 BGP 对等服务，也需要为网络上存在的每种不同类型的设备创建不同的配置或数据模型。然而，当您使用单一数据模型时，只需要创建一次该服务。这种简化随着网络上的配置数量和配置的复杂性增加而成倍降低。通过验证和合规性检查，进一步提高了效率，因为它们也只需针对单一数据模型进行处理。

2.2.4 可信数据源

简单来说，可信数据源是配置网络所需的所有数据。拥有一个结构化、集中化的可信数据源对于基于模型的 DevOps 至关重要，因为配置实际上是一个数据管理问题。如果数据得到正确的管理，那么将这些数据移入网络设备以及用于执行此操作的工具将变得更加容易。

2.2.5 作为框架的 DevOps

基于模型的 DevOps 定义了一个实践 DevOps 的框架。该框架注重功能而不是具体的工具，增强了结构性，鼓励从一开始就进行深思熟虑地设计，而不是临时编译自动化工具（见图2-9）。

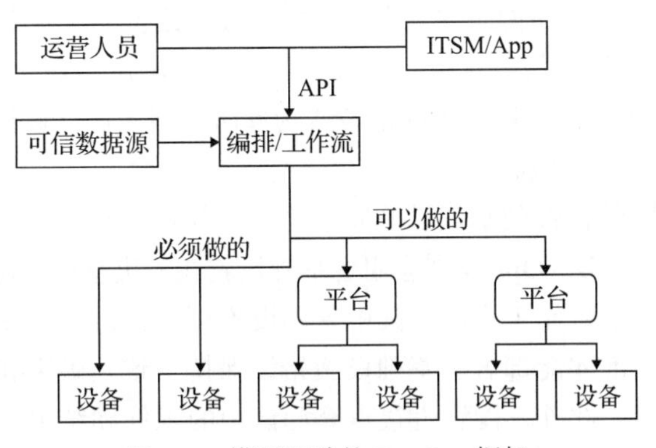

图2-9 模型驱动的DevOps框架

框架的好处是单个部件可以在不更换整个系统的情况下进行迭代，从而降低总体投资。该框架使运营团队能够灵活使用现有工具或选择最适合完成特定任务的工具。此外，随着框架的演进，新的功能可以相对容易地引入。

这个框架的核心是编排和工作流。这一层为其上层提供了一个API，从可信数据源获取信息，并在工作流中使用。在最佳情况下，它调用平台提供的API来控制设备。正如您在本书后续章节所看到的，平台是在设备之上的一个功能，它将设备抽象成一个有内聚性的API，这些设备之间具有一致的功能。该平台还将尽可能简化复杂服务的部署。

当编排/工作流这一层无法利用API或平台时，必须直接访问每个单独的设备；然而，这样做会影响复杂性和可扩展性。复杂性的增加是因为需要直接了解每个单独的设备，并且编排/工作流的这一层必须构建、协调和验证所有复杂的服务。

框架的顶层还包括对系统的输入。当客户请求新服务或功能时，工作流可以从ITSM/App启动，也可以直接由运营人员启动。

2.3 DevSecOps的内置安全性

敏捷性并不意味着缺乏安全性。相反，DevOps所需的基础架构（即代码基础）提供了将安全性嵌入到集成和部署的每个步骤的完美渠道。DevOps的这个特点通常被称为DevSecOps，表示将安全性整合到DevOps中。DevSecOps与DevOps本身并没有根本上的不同。它不仅适用于网络安全，而且强调以严格的方式将安全性纳入DevOps，并将其应用于所有类型的基础设施。

集成安全性有三种实现方式：

- 当基础设施被渲染为代码时，对基础设施的更改是确定的和完整的。这些更改可以立即集成到基础设施中，而不是将许多更改收集到一个更复杂的维护窗口中。

- 这些更改以协作方式完成，并在部署之前进行审核。跨职能的 DevOps 团队包括来自各个领域的审查人员，特别是安全方面的人员。当有更改推出时，网络安全团队的审查人员可以根据对网络安全态势的影响接受或拒绝这些变更。
- 这些更改可以根据合规要求进行检查，并在集成测试阶段用工具进行验证。例如，扫描工具可以用于仿真环境中的虚拟或物理防火墙实例，以测试更改是否会导致基础设施的安全性受到威胁。

但这难道不是将瓶颈转移到基础设施安全团队，并在没有实际改进的情况下产生“改进的幻觉”吗？然而，将 DevOps 原则应用于基础设施在解决基础设施安全潜在瓶颈方面做出了重大贡献。考虑一个协作工作流，其中基础设施更改在设计和测试完成后，必须经过基础设施安全团队的批准才能部署。基础设施始终保持一致、确定和完全可见的状态，这是安全从业人员的梦想。此外，能够直接审查测试中的工件和结果，为基础设施安全团队提供了所有必需的信息，以便做出自信且低风险的决策。最后，坚持执行应用合规性检查，确保不会部署违反现有合规政策的任何内容。通过将基础设施的 DevOps 纳入所有利益相关者、批准或认证机构的整体工作流中，我们在这一最大的瓶颈上取得了显著的改进。

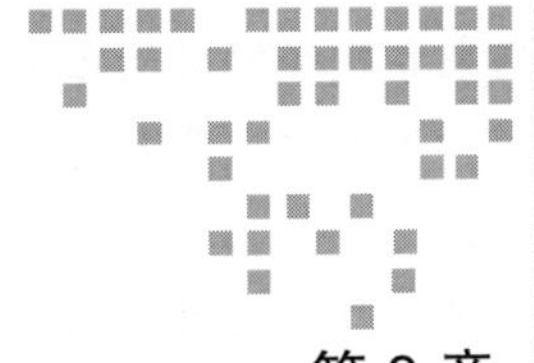

第3章 Chapter 3

可调用的基础设施

在上一章中，我们解释了模型驱动 DevOps 的强大功能以及数据模型的使用。在开始模型驱动 DevOps 的旅程之前，您的基础设施必须能够以编程方式使用。因此，在本章中，我们将讨论可调用的基础设施的概念。

简单地说，可调用的基础设施是通过数据模型利用 API 进行交互的基础设施。可调用的基础设施通过 API 和平台化来降低复杂度，并快速响应组织的需求。可调用的基础设施大大降低了自动化的复杂度，运维人员不需要深厚的编程专业知识，就可以轻而易举地使用它们。

利用自动化搞定一切

当我们上次离开 ACME 公司时，鲍勃正在考虑竞争对手的新工作机会，而首席信息官海莉刚刚开始了解鲍勃对公司真正的价值。很明显，ACME 公司目前运营 IT 基础设施的方法与企业提高灵活性并降低风险的目标不一致。事实上，海莉开始意识到，如果鲍勃去了竞争对手那里，她将面临业务中断的巨大风险。

海莉越来越相信，IT 基础设施的自动化和 DevOps 的实施，可以实现提高敏捷性和降低风险的双重目标。她需要像鲍勃这样的人，在向 DevOps 转变的同时，将他的知识转化为代码。她知道工作量巨大，但也知道这是正确的前进方向。她会马上开始。

周一，当鲍勃走进办公室时，他的日历上出现了一个新的会议，标题是“网络自动化讨论”。鲍勃通过对网络设计和协议的了解，以及通过 CLI 将这些设计变为现实的能力，在 ACME 公司开启了自己的职业生涯。这就是他给公司带来的价值。

几年前，他非常兴奋并尝试使用脚本进行一些简单的自动化操作。该脚本能够登录到设备并执行一些命令。然而，他很快就发现解析命令的输出列表并不容易。命令行终端对于人类来说很容易阅读，但对机器来说理解配置变更的结果或显示命令输出则十分困难。他必须编写代码来查找和解析输出中的语言。然而，由于 ACME 公司网络中每个设备的命令行终端都不同，编写这段代码非常困难。鲍勃没有时间为成百上千个设备编写独特的代码。从长远来看，这种努力可能会有回报，但是鲍勃同时还得忙于网络运维工作。和许多网络工程师的前辈一样，他没有将全部时间都花在自定义的语言解析代码上，而是回到了过去几十年的工作模式：通过命令行单独管理每个设备。

回忆起以前失败的尝试，鲍勃现在关心的是自动化网络基础设施的概念。在会议开始时，鲍勃的经理珍妮向网络团队阐述了严峻的事实。她说："我们的首席信息官相信，IT 基础设施自动化将提高我们的效率和灵活性，并降低停机风险。"就像几乎所有涉及网络工程师的会议一样，当提到自动化这个词时，都会爆发出集体抗议。珍妮听到了诸如"除非我死了！""异想天开！"这样的话。

鲍勃表情忧郁地说："我们以前试过，但就是不行。"他参与了生产环境的每一个关键变更，并且由于开发人员每天都要部署多次代码，因此关键变更正在成为常态，在内心深处，他感觉自己过于疲劳，有点闹心。

首席信息官的自动化战略并非一无是处。珍妮语气坚定地回应道："我们现有的工作方式长远来看是行不通的。有些事情需要改变。有什么建议吗？"她与鲍勃进行了直接的眼神交流。鲍勃很快反思了自己过去碰到的自动化故障，并思考了如何修复它。他觉得 API 应该有助于解决以前的一些问题，尽管他对学习新东西并不兴奋，但鲍勃还是提出了一个建议。

"大家通过命令行终端编写脚本来执行网络变更，都遇到过不少问题。嗯，这是个痛点。"团队低声附和。他微微一笑，继续说道："那么我们为什么不考虑使用 API 来实现网络基础设施的自动化呢？我们的供应商总是在谈论 API 有多棒"。

珍妮回答道："这是一个很好的建议，鲍勃！我希望你在这方面起带头作用。"。鲍勃的笑容渐渐消失了。"枪打出头鸟，我多什么嘴呀。"他心中懊悔。

一周后，鲍勃收到了 ACME 公司的网络时间协议（NTP）服务器管理人员提交的一张工单。由于数据中心的基础设施发生了变化，他们需要将 NTP 服务器迁移到新的 IP 网段，这需要修改每个网络设备上的 NTP 服务器配置。在过去的几天里，他一直在研究如何通过网络设备的 API 与网络设备进行交互，他认为这可能是一个使用新技能的好机会。

在使用名为 Postman 的工具进行了一些试错之后，鲍勃能够通过 API 在实验室中一个最新的设备上进行变更。他通过检查 API 返回代码来验证变更是否成功。"搞定！"他举起拳头欢呼着。然后，他检查了生成的配置，发现他的变更仅仅将新服务器添加到列表中，而不是替换整个列表。这个过程比他想象的要复杂得多。

事实证明，如果没有更复杂的逻辑来检查现有的配置，像列表这样简单的东西也没那么容易自动化。在经历了更多的尝试和错误之后，鲍勃终于能够通过 API 编写脚本，获取现有配置、协调旧列表和新列表，并仅将必要的变更推送到设备。

然后，他转到ACME公司网络中的一个旧设备上，很快发现它没有API。它是一个仅使用命令行终端的设备。“糟透了，”他想。“看起来我需要以其他方式来自动化这个设备。”因此，他查看了另一种常见的网络基础设施自动化工具Ansible，发现Ansible模块支持这个旧设备。经过一些试错后，鲍勃能够在旧设备上创建一个脚本，并获得相同的结果。不幸的是，这个脚本是在完全不同的工具中完成的，语法也完全不同。“实现方式很丑陋，”鲍勃想，“即使我知道如何利用适配设备的工具或语言来自动化所有的设备，我仍然需要验证每次操作的结果，并以某种方式将这些不同的操作扩展到数千个网络设备。”

“这种实现方式太丑陋了，”他沉吟片刻，“肯定有更好的方案。”

3.1 API

应用程序接口（API）是两个应用程序交互的一种方式。相比之下，命令行界面是人与应用程序的交互方式，用于检索数据或进行配置变更。在IT基础设施的语境中，API交互通常是双向通信，其中一些数据从应用程序发送到设备或控制器平台，用于检索操作信息或进行配置变更。

API是模型驱动的DevOps的关键组件。顾名思义，模型驱动的DevOps大量使用数据模型。设备上的API软件获取数据，并使用数据模型解读数据，按照制造商预期的方式配置设备的各个组件。

当网络基础设施被视为一组API时，通常以JSON或XML的形式在这些API之间传递配置数据。这种功能使网络操作更像云服务和应用程序的开发。这种类型的交互是对传统的人工优化CLI交互的重大改进。

网络设备最常见的模型驱动API使用NETCONF协议和YANG数据模型。NETCONF通过安全传输层传送XML编码的数据模型，相比于CLI，提供了几个操作上的优势，包括：

- 配置数据的安装、操作和删除方法。
- 多种配置数据的存储（如候选、运行、启动的配置）。
- 配置验证和测试。
- 配置和当前状态数据之间的差异。
- 配置回滚。

为什么API优于CLI

几十年来，网络工程师一直使用CLI来配置网络设备。在大多数情况下，CLI是一种有效的人机界面。然而，在自动化网络设备方面，CLI是一个连接计算机和网络设备的糟糕接口。主要原因是大多数CLI都是可读的人类语言，因此具有类似人类语言的结构，人类更容易使用。然而，计算机很难使用人类语言。

为了说明这一点，首先看一个在Cisco IOS设备上配置主机名的简单示例。我们使用

Ansible，因为它是最流行的操作自动化网络设备的方法之一，但是我们即将描述的问题存在于大多数基于CLI的自动化方法中。使用Ansible的术语，我们描述了需要达到的特定设备主机名的最终状态。主机名是一个很好的例子，因为它是一个标量值（即单个值）。要更改主机名，Ansible的ios_config模块会对配置进行简单的文本比较。要使用Ansible设置主机名，请在脚本中使用以下YAML：

```
- ios_config:
    lines:
      - hostname newname
```

如果主机名newname不存在，它会将该行发送到设备。即使目标设备上存在不同的主机名，由于主机名是标量，旧主机名也会被替换为所需的主机名。然而，正如鲍勃所发现的那样，配置NTP服务器的列表更加困难。假设使用以下YAML将NTP服务器地址设置为1.1.1.1：

```
- ios_config:
    lines:
      - ntp server 1.1.1.1
```

然后，需要将NTP服务器更改为2.2.2.2，因此需要修改YAML文件：

```
- ios_config:
    lines:
      - ntp server 2.2.2.2
```

这很简单，对吧？但问题是最终会在配置中拥有两个NTP服务器：

```
ntp server 1.1.1.1
ntp server 2.2.2.2
```

原因是Ansible ios_config模块在配置中无法看到NTP服务器2.2.2.2，因此它会整行发送。但是，由于NTP服务器是一个列表，所以它会添加新的NTP服务器，而不是替换现有服务器，这样就提供了两个NTP服务器（其中一个是您不需要的服务器）。要最终只将2.2.2.2作为NTP服务器，必须知道1.1.1.1已经被定义为NTP服务器并且需要显式删除它。IOS中的ACL列表、IP前缀列表和其他列表也是如此。Ansible ios_config模块（以及cli_config模块）没有原生方法来描述网络设备上的NTP服务器等简单内容的所需最终状态，更不用说像OSPF（开放最短通路优先协议）、QoS（服务质量）控制或多播这样更复杂的东西了。

显然有办法解决这种情况。例如，可以改进Ansible ios_config模块，解析IOS语法，查找现有的NTP服务器配置并将其删除，就像手动操作一样。然而，这种方法有个问题，这个功能更为强大的模块将在IOS之外重新实现IOS解析规则。这意味着供应商对IOS CLI的变更需要对ios_config Ansible模块进行变更，从而产生可维护性问题，这通常会导致功能滞后。此外，每个涉及的供应商和/或设备CLI都需要兼容此方法，从而使此方法无法扩展。

更好的方法是使用 API。API 是专门为设备的编程配置而设计的。为了说明使用 API 的模型驱动方法的优势，可以使用 netconf-console 程序来获取和设置 Cisco IOS-XE 设备上的 NTP 服务器。首先，看看当前的 NTP 服务器列表。清单 3-1 演示了如何使用 netconf-console 检索 NTP 配置。

清单 3-1　使用 netconf-console 检索 NTP 配置

```
# netconf-console -host <device IP> --port 830 -user admin -password admin -db run-
ning -get-config -xpath /native/ntp
<data xmlns="urn:ietf:params:xml:ns:netconf:base:1.0"
xmlns:nc="urn:ietf:params:xml:ns:netconf:base:1.0">
  <native xmlns="http://cisco.com/ns/yang/Cisco-IOS-XE-native">
    <ntp>
      <server xmlns="http://cisco.com/ns/yang/Cisco-IOS-XE-ntp">
        <server-list>
          <ip-address>1.1.1.1</ip-address>
        </server-list>
        <server-list>
          <ip-address>2.2.2.2</ip-address>
        </server-list>
      </server>
    </ntp>
  </native>
</data>
```

所有 NTP 服务器及其相关配置都组织到树状结构的一个部分中。我们可以将其作为一个单独的实体来处理，而不是将其与其他配置信息放在同一级别。此外，请注意，我们可以直接向设备询问 NTP 配置信息，无须解析输出结果。

现在让我们更改 NTP 服务器。首先，获取上一步的输出，更改第二个 NTP 服务器的 IP 地址，并用 operation='replace' 替换服务器部分。通常，清单 3-2 的内容会保存在名为 ntp.xml 的文件中。

清单 3-2　修改 NTP 配置的 XML

```
<native xmlns="http://cisco.com/ns/yang/Cisco-IOS-XE-native">
  <ntp>
    <server xmlns="http://cisco.com/ns/yang/Cisco-IOS-XE-ntp" operation='replace'>
      <server-list>
        <ip-address>1.1.1.1</ip-address>
      </server-list>
      <server-list>
        <ip-address>3.3.3.3</ip-address>
      </server-list>
    </server>
  </ntp>
</native>
```

然后我们利用 netconf-console 将 XML 内容推送到设备上，如清单 3-3 所示。

清单 3-3 使用 netconf-console 修改 NTP 配置

```
# netconf-console -host <device IP> --port 830 -user admin -password admin -db
running -edit-config ntp.xml
<ok xmlns="urn:ietf:params:xml:ns:8equire:base:1.0"
xmlns:nc="urn:ietf:params:xml:ns:8equire:base:1.0"/>
```

在 XML 格式响应中的 ok 表示设备接收了修改。然后，再次查询 NTP 配置，验证结果，如清单 3-4 所示。

清单 3-4 使用 netconf-console 验证配置修改的结果

```
# netconf-console -host <device IP> --port 830 -user admin -password admin -db
running -get-config -xpath /native/ntp
<data xmlns="urn:ietf:params:xml:ns:netconf:base:1.0"
xmlns:nc="urn:ietf:params:xml:ns:netconf:base:1.0">
  <native xmlns="http://cisco.com/ns/yang/Cisco-IOS-XE-native">
    <ntp>
      <server xmlns="http://cisco.com/ns/yang/Cisco-IOS-XE-ntp">
        <server-list>
          <ip-address>1.1.1.1</ip-address>
        </server-list>
        <server-list>
          <ip-address>3.3.3.3</ip-address>
        </server-list>
      </server>
    </ntp>
  </native>
</data>
```

从上述的代码清单可以看出，仅仅变更 NTP 服务器就需要进行大量的工作。就像人机接口对计算机来说不是最优解一样，计算机与设备的交互对人类来说也不是最优的。拥有一种对机器友好、具有确定性且可重复的环境变更方式是实施自动化的必要基础。通过将一系列可编程操作组合到更复杂的工作流程中，您将看到真正的效率优势。

我们需要理解计算机到设备的接口，以帮助计算机将其用于自动化。图 3-1 仔细研究了编码的数据。在这个过程中，我们从可信数据源获取数据（即要配置的 NTP 服务器列表），将其编码为数据模型定义的有效负载（在 NETCONF 下使用 XML 格式），并将有效负载发送到 API（在本例中为 NETCONF）。

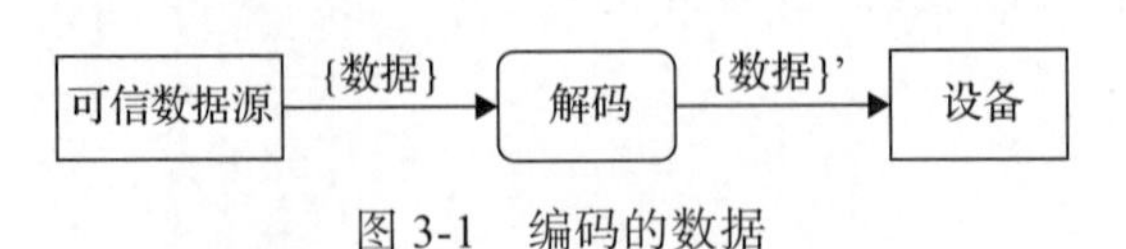

图 3-1 编码的数据

这种通用工作流可以容纳大量用例和 API。例如，可以通过简单地将编码更改为 JSON（仍使用相同的数据模型）并将其发送到 RESTful 接口来使用 RESTCONF 接口。还可以将这一概念扩展到仅支持 CLI 的设备，方法是获取数据，将其编码为针对该设备定制的文本配置，并通过 SSH 进行传递。这就产生了一个灵活的框架，如图 3-2 所示，可以通过任意编码格式将数据传递到任何使用 API 的设备上。

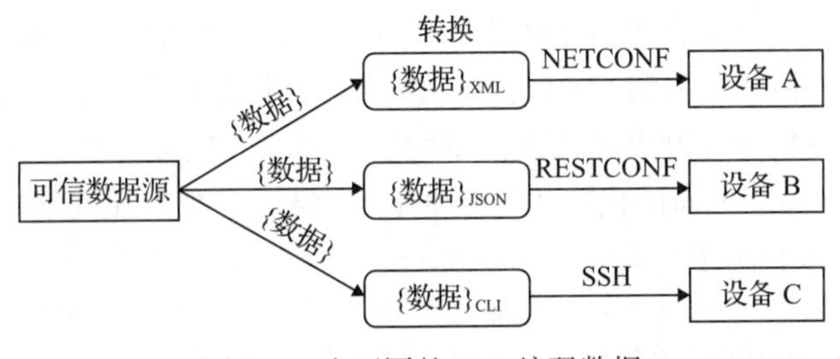

图 3-2　为不同的 API 编码数据

这种方法适用于物理网络基础设施，也适用于云基础设施。例如，AWS Cloud Formation 使用 JSON 编码的可信数据源模型，并通过诸如 Boto3 for Python 等开发工具包的 API 交付。因此，这种思考方式使您能够统一管理整个 IT 基础设施。

3.2　平台化

在模型驱动的 DevOps 的背景下，平台成为网络设备整合和简化的关键。如果没有平台化，您需要单独配置每个设备，这将使 IT 更加烦琐和耗时。平台化的最佳例子是 AWS、Azure 和阿里云等云基础设施提供商。它们创建了面向公司和组织提供抽象 IT 服务（如计算、存储或网络）的平台。公司不再需要考虑购买硬件、将硬件配置到系统中以支持应用程序，以及随着时间的推移维护这些硬件。整个过程都被抽象为一个服务，并通过 API 提供。例如，客户不关心他们的计算服务使用什么类型的节点或如何配置它们，客户只是希望服务正常运行。平台具有不同的形式和不同的功能，但它们都旨在简化 IT 设施，并且通常包含本章其余部分中描述的许多属性。

3.2.1　物理硬件配置

平台化的概念也扩展到物理意义上的本地网络。与云服务不同，在云上，不必了解或关心物理硬件，但对于本地基础设施来说，这却是一个重要的问题。为了简化硬件的部署和配置，许多平台都支持“即插即用”或“零接触配置”等技术。这也通常被称为第 0 天配置，即在启动时将最小化配置自动应用于一组物理硬件，以便它们可以与平台通信，并获得更完整的配置（也叫作第 1 天配置）。本书主要关注第 1 天配置和第 2 天操作。大多数平台都可以简化第 0 天的物理硬件配置，这一点非常有用。

3.2.2 统一控制点

无论是云还是本地，平台化的主要优势都是统一控制点。随着软件定义网络（SDN）的出现，建立网络中的统一控制点的想法变得越来越流行。SDN 将网络的控制平面（决定将数据包发送到何处的部分）与数据平面（转发数据包的部分）解耦。在纯 SDN 网络中，设备几乎没有自主操作的能力，这意味着它们无法在没有中央控制器的情况下正常运行。然而，随着时间的推移，设备在可自主操作和作为基于控制器结构的一部分操作之间达到了平衡。逐渐发展出一种更实用的 SDN 方法，该方法使网络中的设备作为分布式控制平面的一部分进行操作，而集中控制器则管理网络配置和策略。这种方法将纯 SDN（或统一控制点）的优势与分布式控制平面的优势（规模和弹性）结合起来。在网络环境中，这种更实用的 SDN 控制器方法被称为平台化。

3.2.3 北向 API 与南向 API

在 IT 基础设施领域，将平台 API 分为北向或南向通常很有用。典型的控制器平台会公开一个北向 API，旨在为其他应用程序提供功能。控制器本身的交互界面就是一个很好的例子。通常，控制器的交互界面使用相同的北向 API 来检索数据并进行配置变更。当通过北向 API 收到请求时，控制器软件确定需要对一个或多个设备进行变更，它会使用南向 API 与各种设备通信。这些南向 API 是为网络设备暴露的 API 定制的。不同的设备供应商通常为其设备提供不同的 API。如图 3-3 所示，控制器平台可以将许多不同的供应商或设备 API 整合到一个统一的北向 API 中。

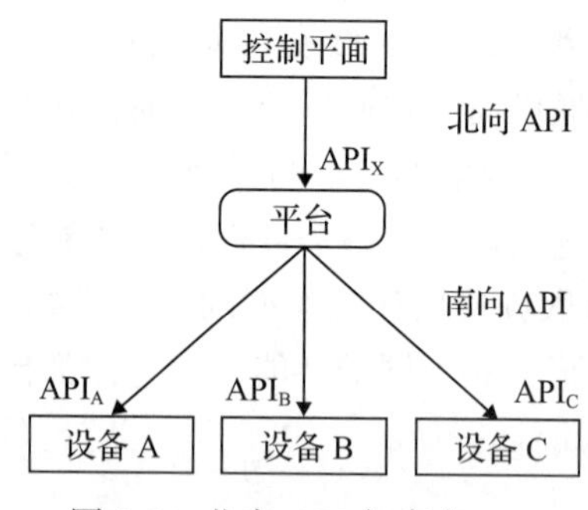

图 3-3 北向 API 与南向 API

3.2.4 API 和功能规范化

平台可以使一组不同设备的 API 规范化。根据我们之前的示例，该平台会在内部透明地执行数据转换，并向用户提供单一 API（见图 3-4）。

这种规范化允许自动化工具针对单一 API 处理单个数据模型，从而大大降低了自动化网络的复杂性。如果没有这种规范化，工具将不得不进行数据模型转换，然后为网络上可用的每种类型的设备调用正确的 API。回想一下，当 ACME 公司的鲍勃意识到网络上每种类型的设备都有不同的命令行，需要特殊的自定义代码时，它们看上去似乎是无法管理的。一个平台通过单一 API 来规范单个数据模型，可以解决这个问题。

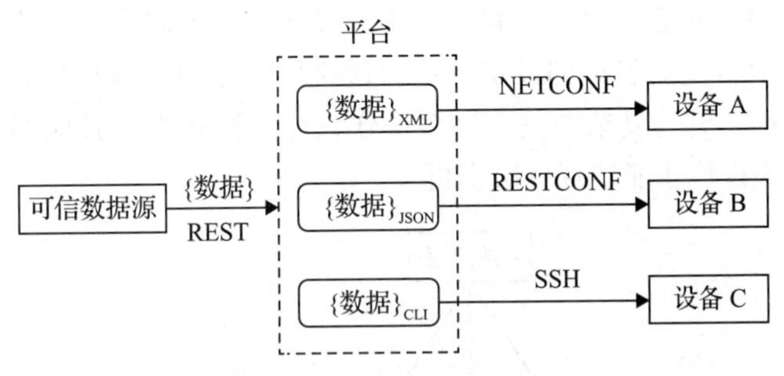

图 3-4　平台 API 规范化

平台通过规范化许多具有不同功能的设备可以进一步提供帮助。例如，许多网络设备无法将配置变更回滚到以前的状态。如果将状态添加到平台，则平台可以在变更发生时跟踪变更，以便可以将设备的状态回滚到变更发生之前的配置。此外，在平台中的状态存储可以对比设备的状态，以防进行不可控的变更。如果设备与平台不同步，平台则可以同步或覆盖本地变更。

3.2.5　编织化服务

除了规范化，平台还可以为网络提供编织化的网络层服务。一个常见的编织化网络层服务是以太网虚拟专用网（EVPN）。EVPN 用于通过三层路由网络扩展以太网二层服务，在大型园区或站点之间实现连接。它被认为是一种基于 BGP 的中央控制平面所依赖的网络技术，用于分发 MAC 地址和其他信息，从而在终端节点之间建立连接。如果没有控制平面，即使单个节点可以自主运行，整个网络也无法正常工作。

平台可以提供网络的编织视图和运行该结构所需的服务（见图 3-5）。这些功能大大简化了网络，建立了离开中心功能就无法实现的服务。

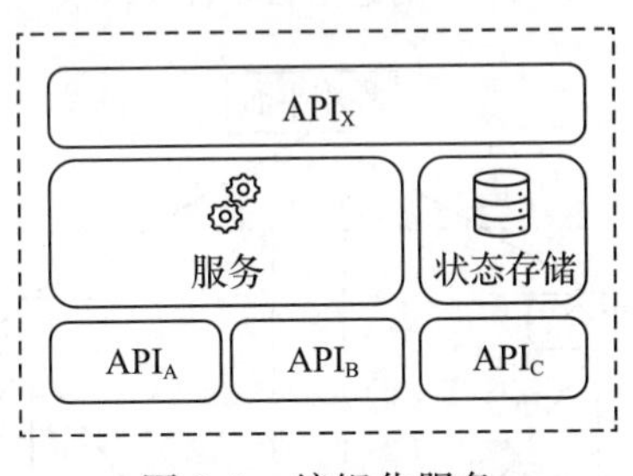

图 3-5　编织化服务

3.2.6　可伸缩性

平台还可以实现更大规模的网络自动化。如果没有平台，用于自动化的控制节点需要直接与每个设备通信，而不能利用平台中的设备存储状态来优化通信。

例如，让我们看一下像 Ansible 这样的工具对设备进行变更的方式。Ansible 的目标是使设备达到所需的最终状态。为此，它需要检查设备的当前状态，将该状态与所需的结束状态进行比较，然后将变更发送到设备。这样做会导致控制节点和终端设备之间的通信量翻倍，如图 3-6 所示。更为复杂的是，许多操作只修改配置中与其他部分无关的部分，这意味着需要进行多次操作才能实现一次变更。

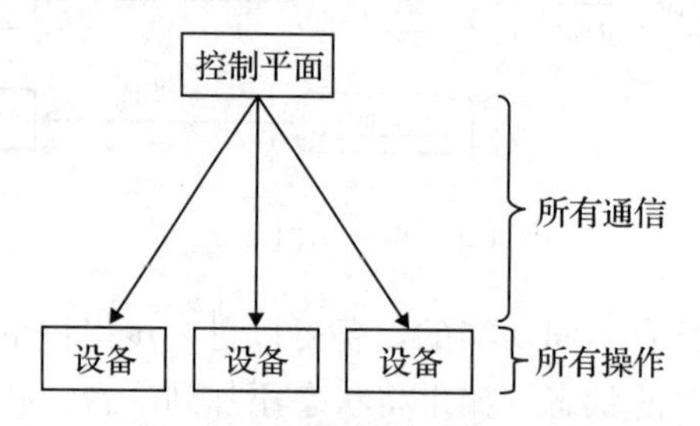

图 3-6　翻倍的控制通信量

当我们引入平台后，平台和设备之间的通信可以减少到一组最小化的合并变更（见图 3-7）。

图 3-8 说明了此架构如何在地理空间上进行扩展。对于地理位置分散的网络，这些中间件平台可以提供区域聚合和其他控制平面的服务。

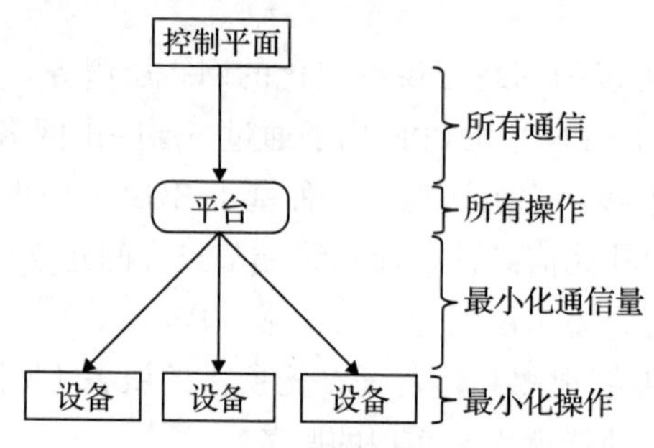

图 3-7　通过平台来优化规模

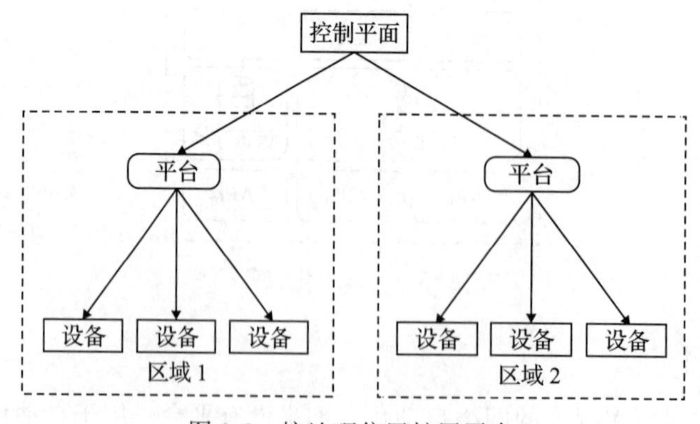

图 3-8　按地理位置扩展平台

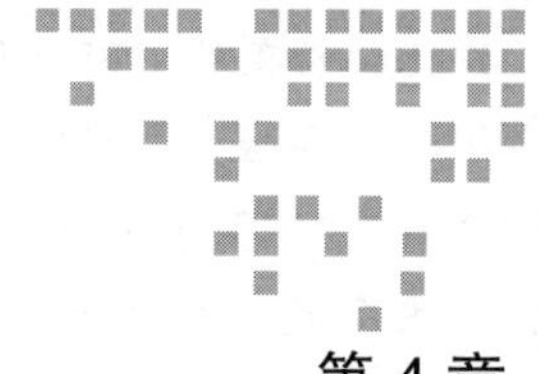

第4章 Chapter 4

基础设施即代码

在上一章中，我们学习了如何通过 API 和平台化来使用基础架构，以降低自动化的复杂度。本章将以可调用的基础架构为基础，介绍基础架构即代码（IaC）的概念，并说明如何将其视为数据移动、转换和验证的工作，而不是编程工作。本章和下一章中的许多代码片段有助于说明这些概念。它们是第 6 章中介绍的完整实现的简化版本，可以在 GitHub 上获取。

合规有时不是一种友好的评价

周一，鲍勃坐在 ACME 公司办公室里，盯着工单表。工单表很长，令人沮丧，于是他开始思考未来，思考首席信息官的 DevOps 任务以及它对网络团队的意义。他开始有了一些鼓舞人心的想法。首先，API 确实是新的 CLI，其次他需要一个平台来帮助将 API 扩展到简单的测试用例范围之外。到目前为止，他所学到的都是令人鼓舞的。然而，在这个阶段，团队似乎离实现真正的 DevOps 还有很长的路要走。问题是他不知道从哪里开始。沮丧的他又将注意力转回了工单表，那些似乎无穷无尽、消耗他注意力的手动任务。

当鲍勃读到第一张工单的标题“准备网络基础设施的审计”时，他发出了痛苦的呻吟声。ACME 公司受制于几种不同的 IT 合规标准，如 PCI 和 ISO。每年都会进行审计，以确保 ACME 公司符合这些标准。如果公司不这样做，后果可能会很严重，涉及罚款甚至无法运营。审计失败往往会导致收入损失，并让像鲍勃这样的人提桶跑路。

对于鲍勃来说，合规不是友好的评价。网络基础设施因不合规而臭名昭著。与大多数组织一样，ACME 公司在 Word 文档中以一系列 CLI 或 GUI 命令的形式记录了其合规标准。像鲍勃这样的人采用了 PCI 和 ISO 等各种标准来解释它们，并将它们组合起来以实现“审核通过”的合规配置，然后将该配置记录为 Word 文档中的一系列 CLI 命令或 GUI 指令。

然后，要求大家遵守文档，并根据批准的配置手动验证实际设备的配置。由于这是一项非常耗时的工作，并且成本高昂，因此每年只在审计前做一次。

鲍勃理解合规的必要性，但他也知道 ACME 公司的运营模式意味着在审计结束时，网络几乎立即就不合规了。因为他和网络团队的其他成员都是人，他们手动进行变更，所以他们有时会走捷径来配置与标准不同的内容，甚至犯错误。当你把所有这些因素加在一起时，这意味着实际的网络配置可能会与合规配置之间差别很大，而且两次审计之间的时间间隔越长，它就会越不同。

鲍勃心想："如果我们不把标准写成一套供人遵循的指令，而是用一种更容易自动化的机器可读格式来表示它们呢？"从之前的自动化尝试来看，他了解例如基于 CLI 的模板很难创建，因为 CLI 是供人使用的，很难维护，很容易随着操作系统的升级而更改。他需要的是机器可读且稳定的东西。

尽管 API 提供了他正在寻找的一些属性，但他之前的经验表明，每个不同设备的 API 都需要不同的结构化数据作为输入，这意味着他不能简单地将 ACME 公司的合规标准表示为一组适用于 API 输入的结构化数据。相反，他需要为每个 API 提供一组不同的结构化数据，这似乎与为每种类型的设备维护不同的 CLI 模板没有太大区别。

最近，业界提出了"OpenConfig"，它看上去可以解决这个问题。在谷歌搜索了 OpenConfig 后，鲍勃发现它本质上是一组与供应商无关的数据模型，用于网络设备配置和监控。又在谷歌上搜索了几个小时的数据模型，鲍勃开始明白，一个可以描述所有常见的网络配置相关任务的统一数据模型正是他想要的。如果他能根据 OpenConfig 数据模型定义 ACME 公司的合规标准，那么理论上，他将拥有一组结构化数据，可以使整个网络的合规性检查自动化。

鲍勃开始对自动化合规的概念感到兴奋，但不幸的是，他的兴奋是短暂的。为了使 OpenConfig 提供一种使用通用数据模型配置网络的方法，网络中的所有设备都需要支持 OpenConfig。好消息是，ACME 公司网络中的许多设备确实支持 OpenConfig。坏消息是，有些设备只是部分支持。这听起来像是一个平台的工作。如果鲍勃可以使用一个平台来支撑不支持或仅部分支持 OpenConfig 的各种设备，那么这个梦想可能变成现实。"也许，只是也许，这可能奏效。"他心想。

当天晚些时候，鲍勃和他的同事拉里一起吃午饭。拉里的团队负责在审计之前进行网络合规性检查。鲍勃阐述了他对模型和自动化合规检查的想法。"那么，你觉得怎么样？"鲍勃问道。拉里敏锐地意识到这个过程有多痛苦，他回答说："我喜欢这个想法。在手工进行了几百次合规性检查后，我认为大家注意力涣散，而且在那之后，准确性开始迅速下降。这种方法可以解决这个问题，为我们节省大量时间。但是数据从哪里来呢？"

"什么数据？"

"您的 OpenConfig 模型非常适合指定配置数据的公司，但是必须为每个设备的接口 IP 地址和 VLAN ID 等提供数值。通常，我们将这些数据保存在电子表格中，并验证每台设备上配置的内容是否与电子表格中的值匹配。”

“我明白了，”鲍勃说，“电子表格数据才是真正定义特定设备的东西。没有它，我们只有一个通用模型。当我们将电子表格数据与模型相结合时，我们得到了一个配置好的设备，并最终得到了一个配置好的网络。”鲍勃开始明白了。实际上，这一切都是关于数据的，只要使数据符合 ACME 公司的标准，生成的网络也将符合要求。

鲍勃突然想到，电子表格可能不是存储定义网络所需数据的最佳方式。为了将电子表格数据转换为网络配置的过程自动化，他必须考虑一种机器可读性更强的替代格式。他认为这可能是一个将基础设施代码化的机会。如果他能够将 ACME 公司的电子表格数据转换为机器可读的格式，并将其输入到一个平台中，为网络提供统一的设备模型，他将能够将整个网络表示为“代码”。

基础设施即代码的概念最近在 IT 界受到了极大的关注，这是首席信息官在谈到 DevOps 时经常使用的一个短语。鲍勃感觉到这是一个机会。基础设施即代码可能不是 DevOps，但这是朝着正确方向迈出的一步，它解决了真正的业务问题。很长一段时间以来，鲍勃第一次对自己的工作再次充满热情。他迫不及待地想把这件事告诉别人。

碰巧的是，网络团队的经理珍妮正在她的办公室里，试图弄清楚如何回应首席信息官关于 DevOps 任务的要求。这时鲍勃冲进了她敞开的大门，大喊：“我有一个想法！”

4.1　为什么采用基础设施即代码

基础设施即代码（IaC）是自动化和 DevOps 话题的一部分，但它的含义是什么呢？IaC 是将基础设施的预设和配置呈现为代码的过程。但是，将配置呈现为代码如何启动 DevOps 呢？请记住，DevOps 最初是为了实现更敏捷的软件开发。DevOps 使用的工具在“代码”上执行，因此我们需要将基础设施（我们正在执行 DevOps 的东西）呈现为“代码”。“代码”用引号括起来，因为并非所有我们创建的内容都是实际的程序代码。事实上，我们谈论的大部分内容是如何以文本形式表示网络配置数据。以文本形式表示基础设施很重要，因为这允许使用 Git 等源代码管理工具（SCM）；但是，并非所有网络配置数据都以文本形式存储。相反，某些配置数据最好保存在传统数据库中，稍后我们也将讨论其原因。

在 IaC 的背景下，SCM 提供了什么好处呢？首先，它可以用于跟踪网络状态的变化。如果网络所需的状态被定义为 IaC，则 SCM 允许跟踪对该状态的任何修改。通过此功能，可以了解变更的内容以及操作者。此外，SCM 通过提供一个钩子来集成到 CI/CD 流水线的各个阶段，从而实现了持续集成和持续部署（CI/CD）。我们将在第 5 章中更深入地了解 CI/CD。

IaC 意味着需要将基础设施表示为代码，但通常用什么“代码”来定义基础设施呢？在模型驱动的 DevOps 范围内，代码由自动化工具的代码（例如 Ansible、Jinja 模板、Python 代码）和包含描述网络数据的文本“代码”（例如 YAML 文件、JSON 文件）组成。这些数据称为可信数据源（SoT），如图 4-1 所示。

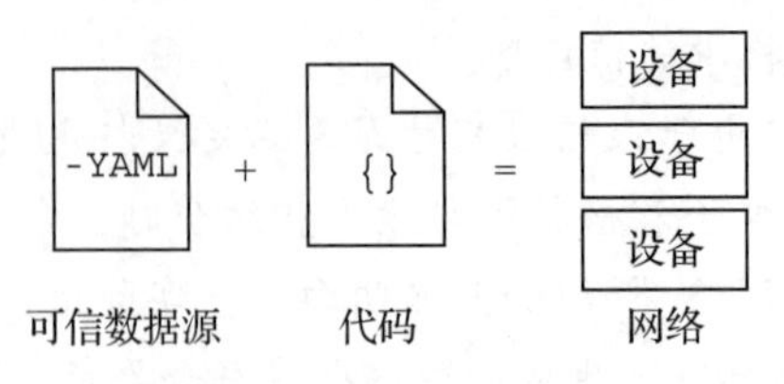

图 4-1　基础设施的 IaC

4.2　可信数据源

网络的可信数据源是一个中央数据库，其中包含将网络配置为所需状态的所有信息。如果构建得当，可信数据源就是网络的全部数据。如果网络受到破坏，可以从可信数据源中重建整个环境。

在 DevOps 中，可信数据源是一个容易被人误解的术语。有些人可能会争辩说，网络本身就是可信数据源。如果是这样的话，那么进行 DevOps 将变得困难。如果网络是可信数据源，那么如何检查可信数据源是否发生了变化？这将需要验证没有任何设备被人为触摸或改变。然后我们需要一个中央状态数据库来检查网络，对吗？这就是可信数据源。许多运营商都深知这个原则，但正如 ACME 公司的鲍勃发现的那样，这是一个艰难的转变。

与将基础设施作为可信数据源相反的是，基础设施是不可变的。也就是说，永远不会修改网络，只需替换它。这种方法适用于云原生基础架构，例如 Kubernetes，可以将现有的 Pod 滚动替换为更新的 Pod；但是，除非发生故障，否则它不适用于物理网络。一个原因是网络基础设施并不总是能够很好地响应变化。有时，更改访问控制列表（ACL）或路由会导致一些流量抖动。但是，如果设备出现故障或遇到影响网络的问题，则通常只需更换设备、降级配置或在实验室中对故障设备进行故障排除即可解决问题。

使用可信数据源对于在网络上预配新设备也非常有用。显然，新设备无法保证自身的"真实性"，因为它尚未配置。因此，必须完全依赖可信数据源来创建配置。无论是新设备还是由于故障而重建的设备，都应该来自可信数据源。实际上，所有操作都只是将可信数据源的数据全部或部分推送到设备中。部分推送的一个例子是，可能只想更新 NTP 服务器，而不是将整个可信数据源推送到设备。在这种情况下，将只推送特定的信息，而不是整个配置。然而，通常建议推送设备的所有数据，以便可以完全测试和验证每个变更的所有数据。对于大多数 API、平台或单个设备，可以找出实际变更的内容并适当地应用它们。将所有自动化操作视为将数据从可信数据源推送到基础设施中，可以大大简化 IaC。

4.3　数据模型

配置基础设施需要大量信息。对于应用程序或服务器来说，可信数据源的数据规模和管理通常并不那么重要。原因是构建单个系统是一个定义明确的过程，与其他系统的排列或相互依赖比较少。此外，配置系统通常包括配置主机名、IP 地址、DNS 域名解析、AAA 认证授权计费和软件包等。每个都是定义该系统操作的键值对（例如，名称服务器 = 8.8.8.8、8.8.4.4），并且它们相对较少。

对于网元，情况并非如此。如果我们采用标准的 48 端口架顶式（ToR）交换机，则每个端口都可以具有描述、状态、虚拟局域网（VLAN）、最大传输单元（MTU）等内容。单个 ToR 可以有数百个键值对数据来指示其操作，将其乘以数百甚至数千个开关，键值对的数量就会爆炸式增长。总的来说，这些键值对将构成网络的可信数据源，并且可能有很多。事实上，庞大的可信数据源使网络自动化成为一个数据管理和操作问题，而不是一个编程问题。

数据模型为我们提供了一种组织可信数据源的方法。数据模型利用键值对来定义网络，并描述了数据结构中键值对的含义。键值对的含义是通过其在结构中的相对位置来定义的。让我们从使用数据模型来表示 BGP 配置开始。

图 4-2 展示了如何在 Cisco IOS 和 Juniper JunOS 上使用 CLI 设置简单的 BGP 对等互联。基本上，我们有一系列的值，这些值伴随着一系列的单词，使用特定的语法来描述它们。

Cisco IOS

```
router bgp 65082
no synchronization
bgp log-neighbor-changes
neighbor 10.11.12.2 remote-as 65086
no auto-summary
```

Juniper JunOS

```
bgp {
  local-as 65082;
  group TST {
    peer-as 65086;
    neighbor 10.11.12.2;
  }
}
```

图 4-2　使用 CLI 设置简单的 BGP 对等互联

然而，两个自治系统编号（ASN）和一个 IP 地址是唯一真正重要的数据。它们在每个方面都是相同的，如图 4-3 所示。

Cisco IOS

```
router bgp 65082
no synchronization
bgp log-neighbor-changes
neighbor 10.11.12.2 remote-as 65086
no auto-summary
```

Juniper JunOS

```
bgp {
  local-as 65082;
  group TST {
    peer-as 65086;
    neighbor 10.11.12.2;
  }
}
```

图 4-3　BGP 配置值

事实上，交换机硬件并不关心描述这些值的单词，因为它们无论如何都会存储在配置数据库中。这些词是工程师赋予人来理解的，用于将这些值的含义传递给硬件。毕竟，不能只指定两个 ASN，因为我们需要知道哪个是本地的，哪个是远程的。但是，我们可以按顺序传达它们的含义：例如，< 本地 ASN>、< 对方 ASN>、< 对方 IP>。这基本上是一个小型数据模型。

然而，BGP 会更加复杂，因此我们需要一个功能更强大的数据模型。图 4-4 是在 YAML 中呈现的 YANG OpenConfig（OC）数据模型中相同数据的示例。

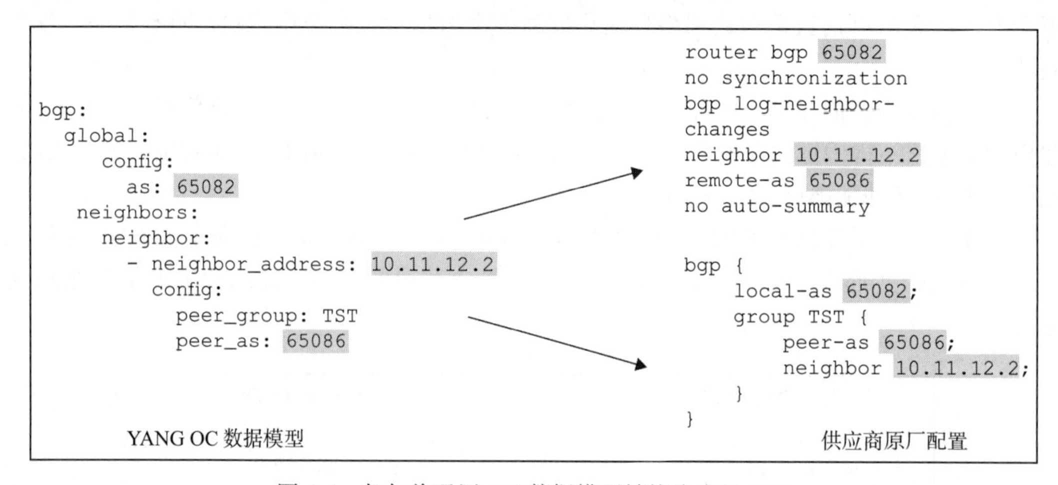

图 4-4　如何将通用 OC 数据模型转换为本机 CLI

左边模型中的数据包含了传递特定语法版本所需的信息，只需添加单词即可。尽管我们在模型中仍然将单词作为标签，但它规范了这些标签在供应商之间的使用方式，并消除了指定值相互关联的语法。我们尽量避免重新添加单词。在将通用数据模型发送到设备之前，需要先将这些数据编码成适合网络传输的格式。

4.3.1　数据模型编码格式

数据模型编码格式可以将数据存储在文本文件中，也可以通过 API 发送数据。我们从 IaC 的操作和编程角度介绍最常见的格式。为了方便比较，我们使用相同的数据演示所述的各种编码格式。

1. JSON

JavaScript Object Notation（JSON）是一种源自 JavaScript 的开放标准文件格式，已被多种语言用于存储和传输数据。JSON 将文本中的数据表示为用冒号分隔的键值对。JSON 值可以是标量、布尔值、列表和其他 JSON 对象。由于 JSON 的轻量级和易于序列化，它经常用于 API。尽管 JSON 非常易于阅读，但有时可能会存在麻烦，因为它使用括号来表示列表和对象，这使得它具有程序员更熟悉的结构，如清单 4-1 所示。

清单 4-1　以 JSON 格式呈现的 OC 系统代码

```
{
   "openconfig-system:system": {
      "config": {
         "domain-name": "domain.com",
         "hostname": "router1"
      }
   }
}
```

2. YAML

YAML 是一种人类可读的语言，通常用于配置文件和许多 IaC 工具，如 Ansible。它是 JSON 的超集，可用于表示与 JSON 相同的所有数据。尽管具有干净简洁的表达形式，但它也很难用于创建和调试，因为它使用空格来表示特定值的层次结构级别。例如，如果没有正确的缩进，值可能与数据结构的错误部分相关联，甚至整个数据结构都将不可读，因为它违反了 YAML 的结构。许多非程序员倾向于使用 YAML，因为它比代码更易于阅读，并且与配置的关联更紧密，如清单 4-2 所示。

清单 4-2　以 YAML 格式呈现的 OC 系统代码

```
---
openconfig-system:system:
  config:
    domain-name: 'domain.com'
    hostname: 'router1'
```

3. XML

可扩展标记语言（XML）定义了一组规则，以人类可读的格式对文档进行编码。尽管比 YAML 更为复杂，但它是可序列化的，并且已经在许多应用程序中使用了几十年。它是一种语言，而不仅仅是一种数据格式，并且支持查询。由于其严格的结构，手动构建 XML 往往更复杂，如清单 4-3 所示。尽管广泛部署，但 XML 在 IaC 工具中很少使用；然而在使用 NETCONF 时，经常使用 XML 对数据进行编码。

清单 4-3　以 XML 格式呈现的 OC 系统代码

```
<?xml version="1.0" encoding="UTF-8" ?>
<openconfig-system:system>
  <config>
    <domain-name>domain.com</domain-name>
    <hostname>router1</hostname>
  </config>
</openconfig-system:system>
```

4.3.2 数据模型描述语言

为了拥有一个标准的数据模型，我们需要一种标准的方式来描述模型。这样，一个人可以从模型创建数据结构，另一个人可以读取相同的数据结构，并获得第一个人想要的结果。在这里，我们介绍了 YANG 和 JSON 元数据格式。这两种描述语言都可以用于创建数据模型并验证数据结构是否符合该模型。

1. YANG

YANG（下一代数据描述语言）是一种数据建模语言，用于对网络管理协议（RFC 7950）的配置数据、状态数据、远程过程调用和通知进行建模。当通过网络管理协议（如 NETCONF 和 RESTCONF）发送时，它在 API 的用户和设备之间提供一个约定。这样，如果您以特定格式提供数据，该数据将配置设备的相应部分。数据建模语言可以用于对网元的配置数据以及状态数据进行建模。由于它与协议无关，YANG 可以转换为网络配置协议支持的任何编码格式（如 XML 或 JSON）。

清单 4-4 展示了一个 YANG 的示例。具体来说，它是一组配置信息，包括叶子节点的主机名、域名、登录欢迎词和我们稍后使用的 OpenConfig 系统片段的每日提示语。

清单 4-4 YANG 示例

```
grouping system-global-config {
  description "system-wide configuration parameters";

  leaf hostname {
    type oc-inet:domain-name;
    description
      "The hostname of the device -- should be a single domain
      label, without the domain.";
  }

  leaf domain-name {
    type oc-inet:domain-name;
    description
      "Specifies the domain name used to form fully qualified name
      for unqualified hostnames.";
  }
  leaf login-banner {
    type string;
    description
      "The console login message displayed before the login prompt,
      i.e., before a user logs into the system.";
  }

  leaf motd-banner {
    type string;
```

```
    description
      "The console message displayed after a user logs into the
      system.  They system may append additional standard
      information such as the current system date and time, uptime,
      last login timestamp, etc.";
  }
}
```

YANG 描述定义了结构（主机名也是配置的一部分）和该成员可以保存的数据类型。

2. JSON 元数据格式

JSON 元数据格式与 YANG 类似，都可用于定义数据结构。顾名思义，JSON 元数据格式是 JSON 独有的。此外，由于 JSON 和 YAML 是可互换的，因此我们还可以在 YAML 中定义元数据格式，并使用它们来验证在 YAML 中呈现的数据。在第 6 章中，我们将更详细地介绍 JSON 元数据格式，并使用它来验证可信数据源。

4.3.3 通用 IaC 工具

我们已将 IaC 分解为可信数据源和源代码。我们介绍的数据模型描述和编码格式主要适用于可信数据源的数据。以下工具适用于“源代码”。

1. Ansible

Ansible 是一种开源软件，用于以编程方式进行预设、配置管理和应用部署。它是一种基础设施即代码（IaC）工具，使用了一种声明性语言，以 YAML 格式呈现，并可以与源代码管理系统（如 Git）结合使用。它本质上是基于 Python 的软件，使非程序员能够更轻松地编排工作流程。它通过 SSH 与本地安装了 Python 的自动化系统进行通信。然而，对于网络设备，Ansible 操作的设备通常没有安装 Python 解释器，因此它使用连接插件通过 CLI、NETCONF 和其他协议进行通信。此外，Ansible 还提供了一个 URI 模块，可用于处理通用的 RESTful API。

尽管 Ansible 是建立在 Python 之上的一种更易于使用的抽象层，但它的易用性确实有一定的局限性。一般来说，Ansible 适用范围广泛，但在处理复杂操作时可能会超出 Ansible 的语法设计范围，这限制了其有效性。通常，这种复杂性最好通过插件或 Jinja 来处理。

2. Jinja2

Jinja 是一个使用类似 Python 语法的模板引擎。虽然主要用于创建标记文档（如 HTML 或 XML），但它也可用于创建内容，并通过 API 配置设备。与 Ansible 相比，Jinja 在处理循环方面更加出色，这使得它更适合处理设备接口、路由和 ACL 等问题。

Jinja 在 Ansible 中被广泛使用，特别是在变量扩展和过滤器的使用方面。实际上，大多数使用 Ansible 的传统网络自动化方法通常会使用 Jinja2。Jinja2 模板用于创建内容，而 Ansible 模块用于交付这些内容。

3. AWS CloudFormation

AWS CloudFormation 是最早被广泛采用的 IaC 工具之一，目前仍被许多云运营商大量使用。它只能与 AWS 及其虚拟网络一起使用。AWS CloudFormation 将云基础设施定义为由数据模型定义的数据，然后将该模型推送到服务中，接着对基础设施进行预设置，从而使非开发人员也能使用 IaC。

4. Terraform

Terraform 是开源的，经常与 Ansible 配合使用。Terraform 本质上是声明性的（与过程性相反），通常用于预设基础设施，而 Ansible 主要用于配置。在撰写本书时，Terraform 提供物理网络基础设施的能力有限，但非常擅长提供虚拟网络，并支持多个云和虚拟化的供应商。与 CloudFormation 类似，Terraform 允许非开发人员访问 IaC。

4.3.4 组织结构

可信数据源的组织管理非常重要。大多数设备的配置都是结构化的，因此可以用相似的方式来构建可信数据源。它们的模型都涵盖了设备的特定服务或子系统。例如，OpenConfig 的系统模型定义了设备级设置，如主机名、域名、DNS、日志记录和身份验证。其他服务（如接口）构建在系统之上，而服务（如 VRF 和路由）构建在接口之上。图 4-5 说明了 OpenConfig 中的模型关系。所有这些模型结合在一起时，提供了整个设备配置。

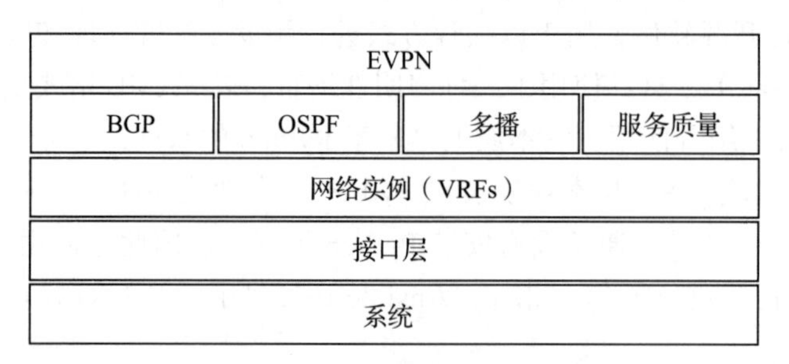

图 4-5 OpenConfig 中的模型关系

可信数据源的另一个方面是设备的层次化分组。在最细粒度的级别上，信息按设备进行组织。一般来说，设备拥有最多的相关数据，因为它包括许多元素的信息组，如接口、路由、ACL 和负载平衡规则。然后，设备可以分组到站点，站点可以分组到区域，区域可以分组到组织，如图 4-6 所示。每个分组中都包含特定于该分组的数据，并由该分组的子代继承（例如，站点包含其父区域的所有数据）。当一个分组中存在相同的数据时，子组的数据将覆盖父组的数据（例如，站点的 DNS 服务器将覆盖区域的 DNS 服务器）。这种继承和优先级关系允许数据的合并。例如，不需要为站点中的每个设备指定 DNS 服务器。相反，每台设备将继承为其站点或区域指定的 DNS 服务器。最理想的情况是，只需在适当的级别指定某段数据一次，以便进行跟踪和更改。

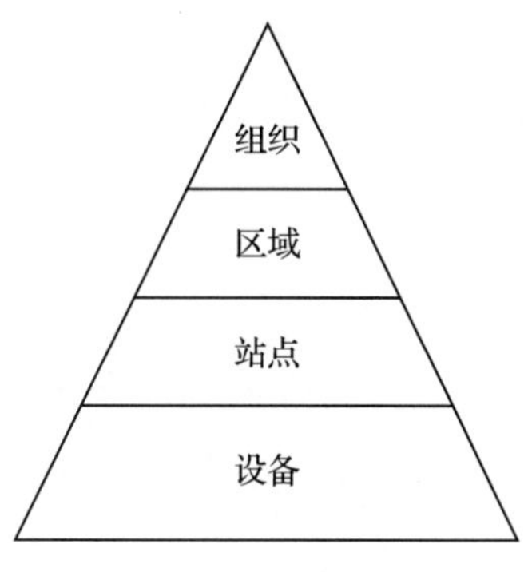

图 4-6　继承层级

这种类型的组织结构也适用于 Ansible 的清单系统。Ansible 拥有一个灵活的清单系统，可以从各种来源提取数据来为模型提供信息，其中一个来源是以 YAML 或 JSON 格式呈现的文本文件。这些文件保存在一个清单结构中，该结构使用 host_vars 和 group_vars 目录分别存储设备和组的数据，如清单 4-5 所示。

清单 4-5　Ansible 清单目录的布局

```
org
├── group_vars
│   ├── all
│   │   └── system.yaml
│   ├── region2
│   │   └── system.yaml
│   └── site4
│       └── system.yaml
├── host_vars
│   └── device4
│       └── system.yaml
└── inventory.yaml
```

group_vars 目录是 inventory.yaml 中指定的层次结构的扁平表示，如清单 4-6 所示。

清单 4-6　Ansible 清单文件

```
all:
  children:
    region1:
      children:
        site1:
          hosts:
            device1:
            device2:
        site2:
          hosts:
            device3:
```

```
          device4:
    region2:
      children:
        site3:
          hosts:
            device5:
            device6:
        site4:
          hosts:
            device7:
           device8:
```

这个例子生成了如清单 4-7 所示的层次结构。

清单 4-7 输出显示了 Ansible 清单目录的层次结构

```
$ ansible-inventory -i org --graph
@all:
  |--@region1:
  |  |--@site1:
  |  |  |--device1
  |  |  |--device2
  |  |--@site2:
  |  |  |--device3
  |  |  |--device4
  |--@region2:
  |  |--@site3:
  |  |  |--device5
  |  |  |--device6
  |  |--@site4:
  |  |  |--device7
  |  |  |--device8
  |--@ungrouped:
```

要配置的设备列表和这些设备的数据将合并到每个设备上下文中的特定事实组中。清单中指定的每个设备和组的数据位于 host_vars/<device name>.yaml 或 group_vars/<group name>.yaml 中，group_vars/all.yaml 提供组织级数据。

如何在这些不同级别设置 DNS 服务器？在 group_vars/all.yaml 中，将组织级 DNS 服务器 DNS1 和 DNS2 分别设置为 1.1.1.1 和 2.2.2.2。如果在 group_vars/region_b.yaml 中将区域 b 的 DNS2 覆盖为 3.3.3.3，并在 group_vars/site_4.yaml 中将站点 4 的 DNS2 覆盖为 4.4.4.4，则可得到清单 4-8 中的结果。

清单 4-8 使用层级来覆写可信数据源

```
$ ansible-inventory -i org --graph --vars
@all:
  |--@region1:
```

```
|   |--@site1:
|   |   |--device1
|   |   |   |--{DNS1 = 1.1.1.1}
|   |   |   |--{DNS2 = 2.2.2.2}
|   |   |--device2
|   |   |   |--{DNS1 = 1.1.1.1}
|   |   |   |--{DNS2 = 2.2.2.2}
|   |--@site2:
|   |   |--device3
|   |   |   |--{DNS1 = 1.1.1.1}
|   |   |   |--{DNS2 = 2.2.2.2}
|   |   |--device4
|   |   |   |--{DNS1 = 1.1.1.1}
|   |   |   |--{DNS2 = 2.2.2.2}
|--@region2:
|   |--@site3:
|   |   |--device5
|   |   |   |--{DNS1 = 1.1.1.1}
|   |   |   |--{DNS2 = 4.4.4.4}
|   |   |--device6
|   |   |   |--{DNS1 = 1.1.1.1}
|   |   |   |--{DNS2 = 4.4.4.4}
|   |--@site4:
|   |   |--device7
|   |   |   |--{DNS1 = 1.1.1.1}
|   |   |   |--{DNS2 = 4.4.4.4}
|   |   |--device8
|   |   |   |--{DNS1 = 1.1.1.1}
|   |   |   |--{DNS2 = 4.4.4.4}
|   |   |--{DNS2 = 4.4.4.4}
|   |--{DNS2 = 4.4.4.4}
|--@ungrouped:
|--{DNS1 = 1.1.1.1}
|--{DNS2 = 2.2.2.2}
```

这种可信数据源的拓展方法允许将特定信息放置在正确的位置，并且减少重复。我们将以这一概念为基础继续推进。

4.3.5　可信数据源的类型

一个组织的可信数据源通常由几个不同的来源构成。这些来源通常分为两种类型：文本和数据库。

1. 可信数据源的文本

可信数据源文本（通常作为“代码”标签归入基础设施）是以某种文本形式指定的配置

信息。在前面的示例中，我们创建了一个非常小的可信数据源（仅仅 DNS 服务器）。现在让我们看一个更完整的 OpenConfig 示例，如清单 4-9 所示。由于 YAML 的可读性稍微高一些，所以我们使用该格式。

清单 4-9　OpenConfig 示例

```
openconfig-system:system:
  aaa:
    authentication:
      admin-user:
        config:
          admin-password: 'admin'
      config:
        authentication-method:
          - 'LOCAL'
    authorization:
      config:
        authorization-method:
          - 'LOCAL'
  clock:
    config:
      timezone-name: 'EDT -4 0'
  config:
    domain-name: 'domain.com'
    hostname: 'router1'
    login-banner: 'Go away!'
    motd-banner: 'Welcome!'
  dns:
    servers:
      server:
        - address: '1.1.1.1'
          config:
            address: '1.1.1.1'
        - address: '2.2.2.2'
          config:
            address: '2.2.2.2'
  ssh-server:
    config:
      enable: true
      protocol-version: 'V2'
```

此示例配置了设备名称以及管理员用户的密码，并启用 SSH。它使用 OpenConfig System YANG 模型，因此与供应商无关。这个 YAML 可以放入 Ansible 清单中的一个文件（例如 oc-system.yaml）中，并用于指定应推送到网络基础设施的系统配置。如果我们把这个 YAML 放在组织级别（例如 group_vars/all/oc-system.yaml），那么所有设备都会继承它。但是，它有一些信息是设备独有的，也可能是某个地区或站点独有的。我们可以通过选择性地更改工具中的值或使用变量替换适当的值来处理这种情况。此外，我们可以利用 Ansible 对变量的懒加载，在适当的级别插入正确的值。例如，我们可以将系统级配置块更改为清单 4-10 中看到的内容。

清单 4-10　带变量的 OC 系统代码段

```
config:
  domain-name: 'domain.com'
  hostname: '{{ inventory_hostname }}'
  login-banner: 'Banner'
motd-banner: 'MOTD'
```

此列表使用 '{{inventory_hostname}}' 表示主机名，以生成特定设备主机名的内容。我们可以通过更改清单 4-9 中的 DNS 代码块，使用 DNS1 和 DNS2，将此示例扩展到 DNS 服务，如清单 4-11 所示。

清单 4-11　在可信数据源中使用变量

```
dns:
  servers:
    server:
      - address: '{{ DNS1 }}'
        config:
          address: '{{ DNS1 }}'
      - address: '{{ DNS2 }}'
        config:
         address: '{{ DNS2 }}'
```

这种方法生成了一个具有适当的区域和站点级别细节的 OpenConfig 系统内容，如清单 4-12 所示。

清单 4-12　特定设备可信数据源的完整呈现

```
$ ansible-playbook -i org sot.yaml --limit device8
ok: [device8] => {
    "hostvars[inventory_hostname]['openconfig-system:system']": {
        "aaa": {
    "authentication": {
        "admin-user": {
            "config": {
                "admin-password": "admin"
            }
        },
        "config": {
            "authentication-method": [
                "LOCAL"
            ]
        }
```

```
        },
        "authorization": {
            "config": {
                "authorization-method": [
                    "LOCAL"
                ]
            }
        }
    },
    "clock": {
        "config": {
            "timezone-name": "EDT -4 0"
        }
    },
    "config": {
        "domain-name": "domain.com",
        "hostname": "device8",
        "login-banner": "Go away!",
        "motd-banner": "Welcome!"
    },
    "dns": {
        "servers": {
            "server": [
                {
                    "address": "1.1.1.1",
                    "config": {
                        "address": "1.1.1.1"
                    }
                },
                {
                    "address": "4.4.4.4",
                    "config": {
                        "address": "4.4.4.4"
                        }
                    }
                ]
            }
        },
        "ssh-server": {
            "config": {
                "enable": true,
                "protocol-version": "V2"
            }
        }
    }
}
```

这个简单的可信数据源文本采用 YAML 格式呈现，这使我们能够使用与在 DevOps 应用程序中使用的相同类型的基础设施 DevOps 工具。将可信数据源呈现为 YAML 或 JSON 是灵活且可扩展的，但有时候，可信数据源需要集成到数据库平台中。

2. 可信数据源的数据库

数据库是组织数据的好方法，许多组织已经在数据库中拥有部分可信数据源，例如配置管理数据库（CMDB）或 IT 服务管理（ITSM）平台。由于数据库通常无法通过 SCM 签入和跟踪，因此其中包含的数据通常不被视为“代码”。跟踪数据的更改以及还原到数据早期版本的能力需要由数据库自身处理。

我们介绍了两种不同的方法，将数据库中的可信数据源提取到 Ansible 中：

- 作为动态清单脚本的一部分。
- 存储和检索特定信息位的即席调用。

NetBox

为了演示这两种方法，我们使用一个名为 NetBox 的常用数据库来支持可信数据源。NetBox 是一个基础设施资源建模（IRM）应用程序，旨在通过提供所需的网络状态来增强网络自动化。NetBox 是开源的、可扩展的，并且具有强大的 API。NetBox 提供了一组功能强大的 Ansible 模块和插件来使用此 API。

让我们来看看 NetBox 的 Ansible 动态插件。要使用此插件，我们需要通过环境变量为其提供 API 端点和令牌：

```
NETBOX_API=https://10.10.185.228
NETBOX_TOKEN=ad5fedecba150368c068fa3bbc90fe2d058fac2b
```

API 访问 NetBox 设备的 IP 地址，通过用户界面进入菜单：配置文件→ API 令牌→添加令牌→生成令牌。我们创建一个具有所需访问权限的令牌，并将生成的令牌复制到 NETBOX_TOKEN 环境变量中。接下来，我们需要为插件创建配置文件，并将其放入清单目录中，如清单 4-13 所示。

清单 4-13　NetBox Ansible 动态清单插件

```
$ more org/netbox.yaml
plugin: netbox.netbox.nb_inventory
validate_certs: False
fetch_all: True
interfaces: True
group_names_raw: True
group_by:
  - sites
```

这段代码告诉 Ansible 清单系统我们想要什么插件以及我们需要的所有信息。它还告诉系统按照原始组名对 Ansible 中的设备进行分组。要了解这个插件提供了什么功能，让我们使用一个脚本来配置 NetBox。可以通过 GUI 完成这项任务，但因为这是关于 IaC 的一章节，所以我们使用 Ansible 模块。清单 4-14 中的代码提供了在 NetBox 中创建设备所需的最少信息。

清单 4-14 用 Ansible 添加数据到 NetBox

```
- hosts: localhost
  gather_facts: no
  tasks:
    - name: Create manufacturer in Netbox
      netbox.netbox.netbox_manufacturer:
        netbox_url: "{{ lookup('env', 'NETBOX_API') }}"
        netbox_token: "{{ lookup('env', 'NETBOX_TOKEN') }}"
        data:
          name: RouterMaker
        state: present
        validate_certs: no

    - name: Create device role in netbox
      netbox.netbox.netbox_device_role:
        netbox_url: "{{ lookup('env', 'NETBOX_API') }}"
        netbox_token: "{{ lookup('env', 'NETBOX_TOKEN') }}"
        data:
          name: router
        state: present
        validate_certs: no
    - name: Create device type in netbox
      netbox.netbox.netbox_device_type:
        netbox_url: "{{ lookup('env', 'NETBOX_API') }}"
        netbox_token: "{{ lookup('env', 'NETBOX_TOKEN') }}"
        data:
          model: router9000
          manufacturer: RouterMaker
        state: present
        validate_certs: no

    - name: Create site in Netbox
      netbox.netbox.netbox_site:
        netbox_url: "{{ lookup('env', 'NETBOX_API') }}"
        netbox_token: "{{ lookup('env', 'NETBOX_TOKEN') }}"
        data:
          name: "{{ item }}"
        state: present
        validate_certs: no
      when: item.startswith('site')
      loop: "{{ groups.keys() }}"

    - name: Create device in Netbox
```

```
netbox_device:
  netbox_url: "{{ lookup('env', 'NETBOX_API') }}"
  netbox_token: "{{ lookup('env', 'NETBOX_TOKEN') }}"
  data:
    name: router1
    device_role: router
    device_type: router9000
    site: site3
  validate_certs: no
 state: present
```

这段代码从之前设置的环境变量中提取 NetBox API 信息，然后通过身份验证来查找 NetBox 实例。代码包含了添加设备所需的一些构造信息，并从创建的 inventory.yaml 文件中提取站点列表（见清单 4-6），以在 NetBox 中创建站点 1 ～ 4。NetBox 动态清单在调用脚本时运行，数据会将 Ansible 清单中的 router1 和 site3 关联起来，因为我们在清单 4-13 中告诉了动态清单插件按站点分组。这个简单的示例说明了我们如何从外部数据库获取清单信息，并将其与文件中静态指定的清单信息相结合。其运行的结果如清单 4-15 所示。

清单 4-15　从 NetBox 和静态文件中合并清单数据

```
$ ansible-inventory -i org --graph --vars
@all:
  |--@region1:
  |  |--@site1:
  |  |  |--device1
  |  |  |  |--{DNS1 = 1.1.1.1}
  |  |  |  |--{DNS2 = 2.2.2.2}
  |  |  |--device2
  |  |  |  |--{DNS1 = 1.1.1.1}
  |  |  |  |--{DNS2 = 2.2.2.2}
  |  |--@site2:
  |  |  |--device3
  |  |  |  |--{DNS1 = 1.1.1.1}
  |  |  |  |--{DNS2 = 2.2.2.2}
  |  |  |--device4
  |  |  |  |--{DNS1 = 1.1.1.1}
  |  |  |  |--{DNS2 = 2.2.2.2}
  |--@region2:
  |  |--@site3:
  |  |  |--device5
  |  |  |  |--{DNS1 = 1.1.1.1}
  |  |  |  |--{DNS2 = 4.4.4.4}
  |  |  |--device6
  |  |  |  |--{DNS1 = 1.1.1.1}
  |  |  |  |--{DNS2 = 4.4.4.4}
  |  |  |--router1
```

```
|    |    |    |--{DNS1 = 1.1.1.1}
|    |    |    |--{DNS2 = 4.4.4.4}
|    |--@site4:
|    |    |--device7
|    |    |    |--{DNS1 = 1.1.1.1}
|    |    |    |--{DNS2 = 4.4.4.4}
|    |    |--device8
|    |    |    |--{DNS1 = 1.1.1.1}
|    |    |    |--{DNS2 = 4.4.4.4}
|    |    |--{DNS2 = 4.4.4.4}
|    |--{DNS2 = 4.4.4.4}
|--@ungrouped:
|--{DNS1 = 1.1.1.1}
|--{DNS2 = 2.2.2.2}
```

为了简洁起见，删除了一些输出内容，但请注意，NetBox 中定义的 router1 已添加到基于文本的可信数据源中指定的设备列表中。此外，router1 还继承了设置的 DNS 服务器配置。

我们刚刚演示了如何将可信数据源的数据库作为动态清单脚本的一部分进行管理。现在，让我们来看看即席调用方法，看看如何从可信数据源存储和检索信息，将其作为本身的一部分（而不是作为清单的一部分）。例如，让我们将网络中的可用 IP 地址添加到 router1。首先，让我们通过将任务从清单 4-16 中添加到脚本中，为我们的可信数据源提供一个网络。

清单 4-16　使用 Ansible 在 NetBox 中创建前缀

```
- name: Create prefix in Netbox
  netbox.netbox.netbox_prefix:
    netbox_url: "{{ lookup('env', 'NETBOX_API') }}"
    netbox_token: "{{ lookup('env', 'NETBOX_TOKEN') }}"
    validate_certs: no
    data:
      prefix: 172.30.1.0/24
    state: present
```

接下来，我们将在 NetBox 中的 router1 上创建一个新的接口 GigbitEthernet1，并为其分配我们刚刚创建的网络上的第一个可用 IP 地址，如清单 4-17 所示。

清单 4-17　从 NetBox 中提取 IP 并将其分配给接口

```
- hosts: localhost
  gather_facts: no
  tasks:
    - name: Create GigabitEthernet1 on router1
      netbox.netbox.netbox_device_interface:
        netbox_url: "{{ lookup('env', 'NETBOX_API') }}"
        netbox_token: "{{ lookup('env', 'NETBOX_TOKEN') }}"
```

```
      validate_certs: no
      data:
        device: router1
        name: GigabitEthernet1
        type: 10GBASE-T
      state: present

  - name: Attach a new available IP on 172.30.1.0/24 to GigabitEthernet1
    netbox.netbox.netbox_ip_address:
      netbox_url: "{{ lookup('env', 'NETBOX_API') }}"
      netbox_token: "{{ lookup('env', 'NETBOX_TOKEN') }}"
      validate_certs: no
      data:
        prefix: 172.30.1.0/24
        assigned_object:
          name: GigabitEthernet1
          device: router1
```

首先，这个例子说明了如何在 Ansible 中存储和检索来自可信数据源的信息。它展示了如何检索空闲 IP 地址以分配给设备。其次，我们检索了空余的 IP 地址，并将其分配给可信数据源中的接口。也就是说，改变了我们的可信数据源，使之成为我们想要的网络状态。这里，router1 实际上还没有配置，但首先更新了可信数据源，显示了当涉及可信数据源时的更改流程。当可信数据源反映了网络的期望状态时，该状态可以被推送到网络，从而使网络的实际状态匹配期望状态。

使用像 NetBox 这样的数据库作为可信数据源的优点是对运营团队来说更容易实施。并不是每个人都对更新基于文本的可信数据源感到满意，因此 NetBox 提供的图形用户界面可能是首选，有时也更高效。

4.4　源代码

可信数据源的主要作用是数据管理，而代码的主要作用则是数据移动和转换。模型驱动的 DevOps 的目标是尽可能简化和重用代码。因此，在本书中，大部分使用的 Ansible 只是将数据从可信数据源传输到网络中。尽管我们在本书中使用了 Ansible，但所提出的原则可以适用于任何编程语言。强调从可信数据源检索所有数据，而不是在自动化代码中硬编码这些数据。明确区分代码和可信数据源使其更易于重用。当代码不可重用时，就需要编写更多的代码。编写越多的代码，就需要维护越多的代码。而代码维护不当会导致网络不规范和不稳定。

数据流

让我们从如何访问可信数据源开始论述。当脚本启动时，它可以使用我们之前介绍的

Ansible 清单系统来提取真实信息（清单和数据）。图 4-7 说明了在执行脚本期间通过查询可信数据源来扩充清单系统中的数据。

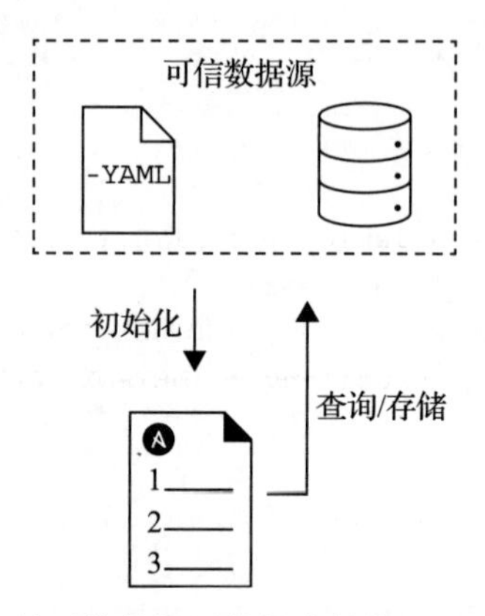

图 4-7　从可信数据源数据库扩充 Ansible 清单

我们主要使用 Ansible 来协调数据的移动：从可信数据源到各种任务，再到网络。然而，在这个过程中可能需要进行一些数据结构转换，特别是将来自拥有特殊结构的可信数据源数据库（例如 CMDB）中的数据转换到我们的 OpenConfig 模型中。例如从 NetBox 中获得的接口数据，如清单 4-18 所示。请注意，show-hostvars.yml 是一个简单的脚本，它显示清单中特定主机的 hostvars（包含所有 Ansible 清单数据的数据结构）。该输出让我们看到了 NetBox 通过其动态清单插件提供的数据。

清单 4-18　脚本在 NetBox 上执行 show-hostvars 的输出

```
$ ansible-playbook -i org show-hostvars.yml --limit router1
ok: [router1] => {
    "hostvars[inventory_hostname]['interfaces']": [
        {
            "cable": null,
            "cable_peer": null,
            "cable_peer_type": null,
            "connected_endpoint": null,
            "connected_endpoint_reachable": null,
            "connected_endpoint_type": null,
            "count_ipaddresses": 1,
            "description": "",
            "device": {
                "display_name": "router1",
                "id": 2,
                "name": "router1",
                "url": "https://172.16.185.228/api/dcim/devices/2/"
            },
            "enabled": true,
```

```
            "id": 6,
            "ip_addresses": [
                {
                    "address": "172.30.1.1/24",
                    "created": "2021-08-07",
                    "custom_fields": {},
                    "description": "",
                    "dns_name": "",
                    "family": {
                        "label": "IPv4",
                        "value": 4
                    },
                    "id": 6,
                    "last_updated": "2021-08-07T19:51:15.224269Z",
                    "nat_inside": null,
                    "nat_outside": null,
                    "role": null,
                    "status": {
                        "label": "Active",
                        "value": "active"
                    },
                    "tags": [],
                    "tenant": null,
                    "url": "https://172.16.185.228/api/ipam/ip-addresses/6/",
                    "vrf": null
                }
            ],
            "label": "",
            "lag": null,
            "mac_address": null,
            "mgmt_only": false,
            "mode": null,
            "mtu": null,
            "name": "GigabitEthernet1",
            "tagged_vlans": [],
            "tags": [],
            "type": {
                "label": "10GBASE-T (10GE)",
                "value": "10gbase-t"
            },
            "untagged_vlan": null,
            "url": "https://172.16.185.228/api/dcim/interfaces/6/"
        }
    ]
}
```

同样，为了简洁起见，这个输出被截断了，但可以看到 NetBox 为每个主机提供了一个接口列表。问题是 NetBox 使用的数据是本地模型，所以必须将其转换为通用模型（OpenConfig）。

在前面的示例中，我们通过 Ansible 变量扩展进行了转换。这里的问题是，由于设备通常具有许多接口，因此接口是一个列表数据结构。这在 Ansible 中处理起来会很痛苦，但在 Jinja 中却有很大的发挥空间。首先，让我们创建一个使用 OpenConfig 系统模型作为基础的 Jinja 模板，然后添加适当的逻辑来迭代 NetBox 中的接口（见图 4-8）并转换它们，如清单 4-19 所示。

清单 4-19　Jinja2 模板将 NetBox 数据转换为 OpenConfig 数据

```
$ more templates/netbox-to-oc.j2
{
   "openconfig-interfaces:interfaces": {
      "interface": [
{% for interface in interfaces | default([]) %}
          {
             "config": {
                "description": "{{ interface.description }}",
                "mtu": "{{ interface.mtu | default('1500') }}",
                "name": "{{ interface.name }}",
                "type": "ethernetCsmacd",
                "ethernet": null,
                "config": {
                   "auto-negotiate": true,
                   "enable-flow-control": false
                },
                "hold-time": null,
{% if interface.ip_addresses is defined and interface.ip_addresses %}
                "subinterface": [
                   {
                      "config": {
                         "index": "0",
                         "ipv4": null,
                         "addresses": {
                            "address": [
{% for address_item in interface.ip_addresses | default([]) %}
                               {
                                  "config": {
                                     "ip": "{{ address_item.address.split('/')[0] }}",
                                     "prefix-length": "{{ address_item.address.
split('/')[1] }}"
                                  }
                               },
{% endfor %}{# for address_item in interface.ip_addresses #}
                            ]
```

```
                    },
                    "config": {
                       "dhcp-client": false
                    }
                 }
              }
           ],
{% endif %}{# interface.ip_addresses is defined #}
           "enabled": "{{ interface.enabled }}"
        }
     },
{% endfor %}{# for interface in interfaces #}
   ]
  }
}
```

Jinja2 是一种模板语言，因此我们基本上为 OpenConfig 接口数据创建了一个 JSON 模板。该模板是一个简化版本，只处理基本属性和 IP 地址，但它展示了 Jinja2 处理传入数据并将其转换为另一个模型的能力。模板的静态部分大多数是默认值或用于数据的标签。请注意，我们不会像在 Ansible 中使用 set_fact 那样创建内存中的数据结构。

这是一个文本模板，因此我们创建了一个包含数据的文本，以 JSON 数据结构的形式表达。然后，我们需要通过编程方式将其提供给脚本。为此，在脚本中创建了一个任务，该任务使用 Jinja 模板提取 NetBox 数据并将其分配给 Ansible 的 fact 实体。该文本数据会被反序列化为数据结构，就像手动输入一样。清单 4-20 展示了这个脚本。

清单 4-20　将文本从模板转换为变量的简单 playbook

```
- hosts: all
  gather_facts: no
  tasks:
    - set_fact:
        oc_interfaces: "{{ lookup('template', 'netbox-to-oc.j2') }}"
    - debug:
        var: oc_interfaces
```

这个脚本用于在 OpenConfig 系统模型中生成 NetBox 数据，如清单 4-21 所示。

清单 4-21　OpenConfig 数据结构中的转换结果

```
$ ansible-playbook -i org Source of Truth-xlate.yaml --limit router1
ok: [router1] => {
    "oc_interfaces": {
        "openconfig-interfaces:interfaces": {
            "interface": [
                {
                    "config": {
                        "config": {
```

```
                                "auto-negotiate": true,
                                "enable-flow-control": false
                            },
                            "description": "",
                            "enabled": "True",
                            "ethernet": null,
                            "hold-time": null,
                            "mtu": "",
                            "name": "GigabitEthernet1",
                            "subinterface": [
                                {
                                    "config": {
                                        "addresses": {
                                            "address": [
                                                {
                                                    "config": {
                                                        "ip": "172.30.1.1",
                                                        "prefix-length": "24"
                                                    }
                                                }
                                            ]
                                        },
                                        "config": {
                                            "dhcp-client": false
                                        },
                                        "index": "0",
                                        "ipv4": null
                                    }
                                }
                            ],
                            "type": "ethernetCsmacd"
                        }
                    }
                ]
            }
        }
    }
```

我们已经将 NetBox 原生数据模型中的原始数据转换为 OpenConfig 格式。这些数据可以与来自数据库的其他数据或 Git 代码库中的文本文件的静态数据相结合，从而将几个数据源以不同方式描述和呈现的数据融合成一个单一的可信数据源。一旦拥有了完整的数据结构，我们可以直接或通过平台将其推送到设备上。为了本书后续的实现，我们使用 Cisco NSO 作为平台，并调用其 RESTful API，将设备数据作为执行任务的内容，如清单 4-22 所示。

清单 4-22 通过平台把数据推送到设备上

```
- name: OC Device test
  uri:
    url: "http://x.x.x.x:8080/restconf/data/tailf-ncs:devices/device={{ inventory_
hostname }}/mdd:openconfig"
    url_username: admin
    url_password: admin
    force_basic_auth: yes
    validate_certs: no
    status_code: [200,201,204]
    method: PUT
    headers: "{
      'Content-Type': 'application/yang-data+json',
      'Accept': 'application/yang-data+json'}"
    body_format: json
    body: "{{ oc_interfaces }}"
```

Chapter 5　第5章

持续集成/持续部署

在前面的章节中，我们解释了基础设施即代码（IaC）的概念，以及它如何让你将基础设施描述为一组有组织的数据和人类可读的文件，这些文件可以在源代码管理工具中使用版本控制进行管理。有了IaC，就等同于拥有了自动化网络基础设施的工具；然而，IaC也带来了一种新的风险。在传统的操作模式中，通过命令行界面输入时犯的错误通常只会影响网络中的单个节点或少数几个节点，而使用IaC犯的一个简单错误可能对整个网络产生重大且广泛的影响。自动化和IaC的规模增加可能会显著地放大错误的影响范围。本章探讨了持续集成/持续部署的概念，以及它如何在自动化网络基础设施时降低错误风险。

如何比以往更快地破坏你的网络

很长时间以来，鲍勃第一次真正为他在ACME公司的角色和公司的发展方向感到兴奋。虽然最初对CIO提出的这个DevOps要求持怀疑态度，但他现在开始理解整个自动化的概念。ACME公司在如何存储网络数据方面还有一些工作要做，这些数据被称为可信数据源，但他现在看到ACME已经有了很多可信数据源。为了使可信数据源对自动化有用，可能需要将文档或电子表格中的某些文本转换为以YAML或JSON等格式存储的结构化数据。一旦完成，它将更容易实现自动化。曾经只是文档中的一些零散部分，需要人类阅读、解释并转换为特定设备的CLI配置，现在可以以自动化的方式直接输入到API中。在这次DevOps之旅之前，鲍勃从未想过可信数据源会以这种方式存储，使其受到版本控制并在整个网络中保持一致。

由于拉里负责ACME公司的合规性检查，因此他和鲍勃制定了一个计划，利用这些新发现的知识，通过自动化来实现合规性检查。如果他们成功，该计划将大大减少他们在合规性检查方面的时间投入，并为公司节省大量资金。他们决定从小处着手，针对常见的系统服务，如DNS、NTP和AAA。他们决定使用OpenConfig数据模型，而不是制定自己的系统服务数据模型。根据鲍勃之前的研究，这是唯一一种多厂商支持的结构化网络配置数据的方式，即使某个特定的目标设备如今不支持OpenConfig，将来也会支持。

首要任务是将拉里的合规性标准文档中关于系统服务的部分转换为机器可读格式的OpenConfig结构化数据。鲍勃和拉里决定使用YAML来完成这个任务，将其作为他们的基础设施即代码（IaC）的基础，因为它比JSON更容易阅读。虽然他们之前没有做过这样的事情，但经过努力，他们已经能够从拉里的合规性文档中生成基本系统设置的结构化数据。

现在，他们拥有了可信数据源，可以在ACME公司网络的每个设备上配置基本的结构化设置。要利用可信数据源，他们需要找到一种通过API将数据发送到每个网络设备的方法。

“好吧，现在我们怎么办？”拉里说。

“这是个好问题。我们需要使用API将这些数据发送到我们的网络设备。”拉里叹了口气。“鲍勃，有些事情你需要知道，我并不擅长编程。”

“那你的局限性是什么？”

“我不是程序员！”

鲍勃笑着说：“我们俩都不是。我认为我们可以使用Ansible来完成这一步。”

鲍勃之前尝试过Ansible，知道它非常适合通过接收JSON或YAML数据，重新格式化(如果需要的话)，并将其发送到设备的API来配置目标系统。毕竟，典型的Ansible库数据已经存储在YAML中了。此外，Ansible还提供了一组模块，旨在让人们更容易通过API与设备进行通信，而不一定需要了解具体的细节。

在决定使用OpenConfig作为他们的数据模型之前，鲍勃已经对NETCONF和YANG进行了一些研究。NETCONF协议结合YANG模型，是网络行业中跨厂商通用API的最常用方式。因此，NETCONF协议在Ansible中得到了很好的支持。理论上，他们应该能够将用YAML编写的OpenConfig格式数据直接（无须重新格式化）输入到使用Ansible中NETCONF模块的设备或一组设备。

拉里和鲍勃，两个自称非程序员的人，花了1h左右的时间制作一个Ansible库文件和一个用于他们的系统服务数据的脚本。库文件包含了与实验室中的一个交换机通信所需的信息，脚本只是使用一个NETCONF模块将他们的OpenConfig系统服务数据发送到交换机。大部分时间都花在了熟悉YAML格式和脚本所需的一般结构上。随后，脚本顺利地运行了，没有发生错误。

“这刚刚做了我让它做的事情吗？”拉里问道。

“我想是的！”鲍勃惊叹道。鲍勃登录到交换机，确认他们确实已经使用OpenConfig数据模型成功地更改了交换机的系统服务配置。

“你知道这意味着什么吗？”拉里问道。

“我们刚刚花了半天时间做了一件手工操作5min就能完成的事情？”鲍勃回答道。

“很有趣。这比我们现在所知道的更重要，而且你也知道。我们现在拥有了 ACME 公司基础设施作为代码的基础，并将以自动化的方式保持公司的合规性。这将为我和我的合规团队每年节省数百小时。”

“所以你是说，管理层会喜欢我们，”鲍勃说，“也许我们甚至会涨工资。”

“至少我们可能会保住工作。”

在接下来的几周里，鲍勃和拉里安排了一系列维护窗口，将他们的基础设施即代码应用到整个网络。完成后，他们确保每个设备的基本系统设置都符合 ACME 公司的标准。审计即将进行，这是一个巨大的胜利。受到成功的鼓舞，他们决定用自动化实现更多的功能。

到目前为止，他们已经自动化了那些中断网络风险较低的配置。然而，剩下的合规风险更大，因为它们适用于网络控制平面。其中一个标准是生成树协议（STP）。生成树配置或操作中的问题可能导致大范围的网络中断。鲍勃知道，与任何控制平面协议一样，处理生成树时要小心谨慎。

ACME 公司有一些实验室里的交换机，他们经常用来测试新的配置。这绝不是他们生产网络的代表，但这是他们最好的选择。鲍勃利用实验室将他们的可信数据源模型扩展到配置生成树以符合 ACME 公司标准所需的 OpenConfig 数据。

他们实施 IaC 的方式非常好的一点是，鲍勃甚至不需要修改 Ansible 的脚本。他所要做的就是将生成树所需的部分添加到基于 YAML 的可信数据源中，然后再次运行脚本。当所有数据都正确时，他可以通过简单地在可信数据源中更改一些值来改变生成树的拓扑。在他们的开发实验室中，更改生成树拓扑只需几秒钟。对于拉里和鲍勃来说，这是一种革命性的操作方式。

经过这次成功的测试，拉里和鲍勃知道使用他们的 IaC 可以确保网络生成树配置符合合规要求。这项工作的审批维护窗口定在两周后。利用在实验室中学到的经验，鲍勃开始为生产网络创建可信数据源。然而，网络已经远离了合规要求，这意味着应该配置的内容通常与实际配置的内容不一致。拉里和鲍勃认为这是一个很好的机会，可以创建一个完全合规的可信数据源，而不是从实际建立的网络中获取值。毕竟，实际建立的网络不符合合规性的要求。

当维护窗口终于到来时，拉里和鲍勃对他们的自动化充满信心。他们已经在实验室中进行了多次测试。现在，只剩下运行 Ansible 脚本的问题。所有的工作都是在创建可信数据源。

“我猜这是我们可信数据源的关键时刻，对吧，鲍勃？”拉里说。他们紧张地笑了笑。

“可能会出什么问题？”鲍勃回答并执行了脚本。

事情似乎进行得很顺利，但过了一会儿，一些系统管理员报告说网络速度变慢了，然后网络监控系统开始发出警报。鲍勃的心沉了下去。他们所做的所有这些工作只是以闪电般的速度让网络瘫痪。

“鲍勃？鲍勃！”拉里紧张地说，“让我们快点弄清楚出了什么问题！”

鲍勃从失望中清醒过来。他和拉里拼命地排查问题。大约 20min 后，他们发现生成树拓扑并不像它应该的那样。数据中心网络的根交换机现在位于一个通过低速 WAN 连接的远程设施上。这意味着他们所有的数据中心流量都在穿越这个低速连接。这可不行。

鲍勃迅速在他们的可信数据源中找到了远程交换机。在扫描为该交换机准备的数据时，他立刻发现了一个问题。有一个生成树优先级设置是错误的，它被设置为819，而应该是8192。在创建可信数据源时，有人在输入值时犯了一个错误，这台交换机因此具有了一个使其成为网络根节点的优先级的值。

"找到了！"鲍勃惊叫道。他迅速更新了可信数据源中的正确值，并再次运行了playbook。拉里和鲍勃确认远程交换机的优先级已经改变，并等待网络警报在接下来的几分钟内清除。

"好消息是，自动化工作得非常好，"拉里说，"坏消息是，现在我们可以比以往任何时候都更快地破坏网络！"

"是的，"鲍勃说，"你知道，我们需要在投入生产之前更好地测试我们的自动化和可信数据源。如果有一个更好的测试环境，我们可能会发现这个问题。在一个与生产网络完全不相符的测试网络中开发自动化显然不是一个好主意。"

"如今肯定有比我们现在更好的方法。"

"也许。但是用硬件复制生产网络实在太昂贵了。你我都知道，管理层永远不会同意这么做。"

"没错。"

"即使我们有了更好的测试网络，如果没有某种自动化方法来验证每个设备的操作状态和整个网络的状态，我们仍然可能无法发现这个错误。"

"看起来我们还有更多的工作要做。"

"是的，确实如此。不过，你必须承认，我们现在所做的是一种改变我们操作网络和为公司创造价值的真正突破。毕竟，一旦问题被发现，我们能够迅速修复可信数据源并解决问题。"

"我同意。我从未完全理解IaC的价值，但现在我明白了。"

"我们两个都是。"[⊖]

5.1 CI/CD概述

虽然DevOps是一种消除开发和运维之间摩擦的哲学，但持续集成/持续部署是DevOps原则的一种具体应用，它们专注于提高环境中变更的可靠性和速度。如图5-1所示，CI/CD

⊖ 在这段文字中，我们了解到了鲍勃和拉里如何利用IaC（基础设施即代码）和自动化来提高他们的网络管理效率。尽管在实施过程中遇到了一些问题，但他们最终认识到了自动化和基础设施即代码在改善网络操作和为公司创造价值方面的潜力。他们意识到需要更好的测试环境和自动化验证方法，以确保在应用于生产环境之前充分测试自动化和可信数据源。这个故事强调了持续改进和学习的重要性，以便更好地利用技术为公司创造价值。——译者注

是两个不同的持续运行过程，它们并行工作。

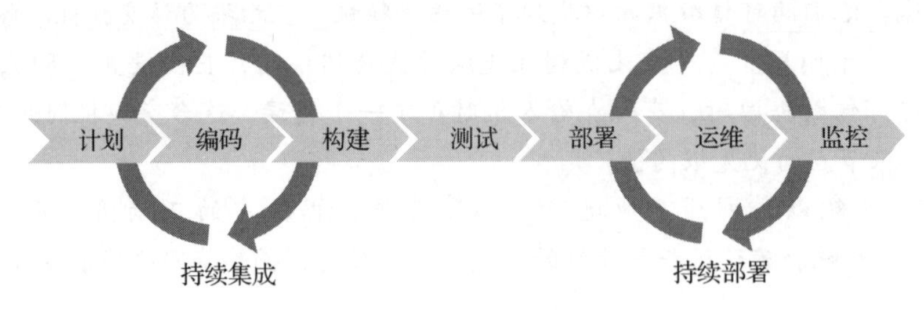

图 5-1　CI/CD 概述

在传统的应用程序开发中，构建（例如为应用程序提供某个微服务的容器）在左侧进行开发，并在右侧进行部署（即被客户消费）。构建必须通过测试阶段才能部署。测试将这两个过程连接起来，是 DevOps 的一个关键部分，可以帮助您在部署网络基础设施的变更时避免问题。

5.1.1　应用程序与基础设施的区别

应用程序 CI/CD 与网络基础设施 CI/CD 之间的一个区别是构件的性质。通常，应用程序构件由二进制容器组成，例如 Docker 镜像或虚拟机（VM）镜像。这些构件可能包含来自源代码管理工具（SCM）的代码，但不是直接使用该代码。在这种情况下，我们测试的是用该代码构建的构件（见图 5-2）。

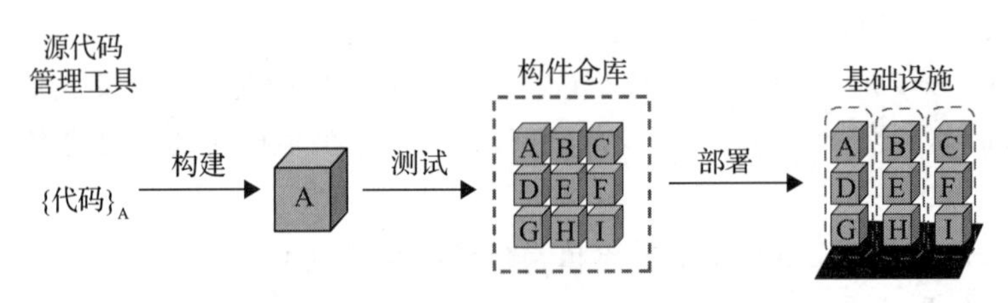

图 5-2　应用程序的 CI/CD 流水线

基于 IaC 的 CI/CD 不同之处在于构件就是代码，例如 Ansible 的 playbook、Terraform 文件，并且可信数据源通常使用 YAML 或 JSON 表示。这两者都保存在 SCM 中，并直接从 SCM 中使用。

应用程序 CI/CD 和基础设施 CI/CD 之间的另一个区别是，在传统 CI/CD 流水线中部署的应用程序直接为客户提供服务。在基础设施 CI/CD 中，流水线交付一个有效负载来配置设备，例如交换机、路由器、防火墙，然后为最终用户提供服务，例如连接性、安全性（见图 5-3）。

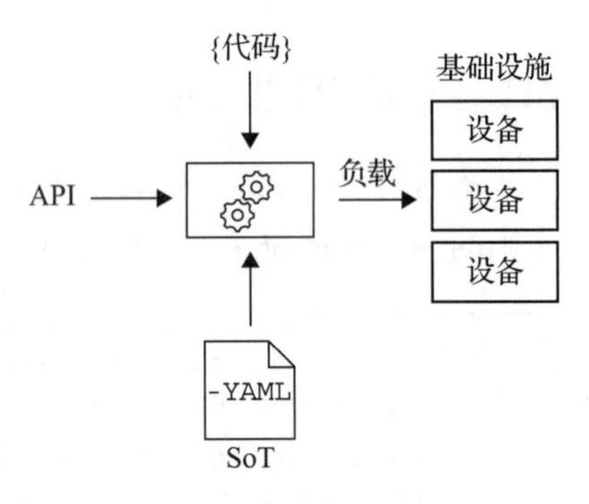

图 5-3　基础设施 CI/CD

5.1.2　CI/CD 实践

图 5-4 展示了基础设施 CI/CD 的操作顺序。这个例子中涉及的主要组件如下：

- 源代码管理工具（SCM）。
- 持续集成（CI）工具。
- 网络模拟平台。
- 测试和验证工具。

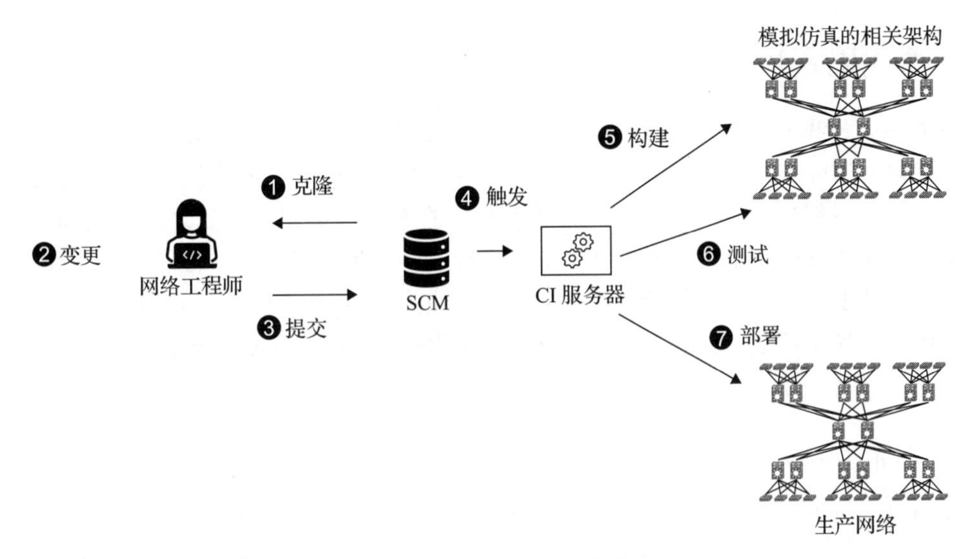

图 5-4　基础设施 CI/CD 的操作顺序

本章后面的部分将更详细地介绍这些组件。现在让我们通过一个例子来了解每个部分如何融入基础设施 CI/CD 的流水线。

（1）网络工程师（或操作员）执行“克隆”操作，将存储在 SCM 中的某些 IaC 或可信数据源的本地副本拉到他们的本地计算机。这些数据通常存储在一个称为仓库（简称 repo）的地方。

（2）工程师通常使用文本编辑器来变更 IaC 或可信数据源的本地副本。请记住，大多数 IaC 或可信数据源都是以人类可读的形式（如 YAML 或 JSON）存在的。

（3）工程师将变更提交回 SCM。

（4）SCM 在看到变更完成后，通知 CI 服务器已经进行了提交。

（5）CI 服务器遵循一组指令，通常存储为 repo 中的一个文件，告诉它如何正确地构建和测试变更。在某些情况下，可能不需要构建测试环境。如果测试仅确保更改的数据有效（例如，IP 地址格式是否正确），则无须构建测试环境。然而，如果需要功能测试（例如端到端的连接测试），则可能需要构建模拟参考架构。当模拟不可能时，它可能会将一组物理设备准备到已知的参考状态。

（6）在测试环境构建完成并合并新的变更（如果需要）后，CI 服务器继续遵循这一组指令来测试并验证整个参考架构。验证结果传回 SCM 并与提交一起存储。

（7）如果变更通过了针对参考架构的所有测试，CI 服务器可以将变更直接部署到生产环境。请注意，我们在这里展示了一个完全自动化的流水线，但实际上这一步通常需要一个人来检查变更，验证测试结果，然后“批准”将变更进行部署。后续部分将更详细地讨论这个机制。

5.2 源代码管理

在本书中，我们将广义地定义 SCM 为管理代码生命周期的工具，特别是 IaC（基础设施即代码）和可信数据源文件。一个优秀的 SCM 对于基础设施即代码至关重要，因为尽管理论上可以创建所有所需的代码并将其保存在某个服务器上的目录中，但 SCM 的版本控制、回滚和协作功能极大地提高了 IaC 的价值。这些功能将原本可能只是一种有用的自动化工具转变为一种全新的操作模型，该模型相较于传统的 CLI（命令行界面）模型具有明显优势。换句话说，SCM 的核心功能和协作能力是我们首先将基础设施视为代码的原因。

5.2.1 核心功能

SCM 用于满足软件开发团队在代码协作方面的需求。一个独立工作的开发人员不一定需要 SCM，因为不太可能有其他开发人员过来修改代码或删除文件。然而，随着开发团队的规模和软件应用的复杂性的增长，开发人员对如何在协作环境中创建、修改、删除和跟踪代码的规则产生了迫切的需求。以下是 SCM 的基本功能，使我们能够在协作环境中安全地管理代码的生命周期：

- 版本控制。
- 变更日志。
- 分支。

1. 版本控制

简而言之，版本控制是以规则为基础的管理方式，由 SCM 来管理两个或更多团队成员对同一个文件的修改冲突。这可以通过多种方式实现，但本质上，SCM 维护文件的权威版本。当开发人员想要修改该文件时，他们会检出一个本地副本，对其进行更改，然后将这些变更提交回 SCM 维护的权威版本。如果第二个开发人员在此期间已向权威版本提交了变更，那么第一个开发人员在尝试提交他们的变更时会收到错误。此时，第一个开发人员需要执行“合并”过程，解决他们的变更与权威副本之间的任何冲突。在解决所有冲突后，他们现在可以将文件提交给 SCM，并更新权威版本。这个检出 – 修改 – 提交 – 合并（如果需要）的过程确保了文件的完整性，并在团队环境中显著提高了安全性和效率。

2. 变更日志

SCM 不仅存储文件的最新或权威版本，还存储了所有以前的版本。这意味着 SCM 记录了特定文件的每个变更，并可以生成文件版本之间的差异，以便开发人员可以准确地查看版本之间发生了哪些变更。此外，版本控制过程的一个附带好处是，在每次提交时，开发人员需要提供一个简短的文本说明，描述提交中的变更内容。通过将提交信息与版本之间的差异相结合，我们可以获得一个详细的日志，其中包括谁进行了变更、何时进行了变更、为什么进行了变更以及确切的变更内容。

3. 分支

检出 – 修改 – 提交 – 合并的版本控制过程非常有效地维护了存储在 SCM 中的文件的完整性。然而，如果许多开发人员在同一个文件上工作并每天进行多次提交，这也可能给每次提交增加相当多的开销。

请记住，每当开发人员提交并更新文件的权威副本时，其他开发人员现在必须通过合并过程在提交更改回 SCM 之前解决任何冲突。这个合并过程可能会耗时，而且在这个例子中，我们可能需要为每次提交执行合并。

分支通过为每个开发人员提供一个带有分支标识符的文件副本，使得这个过程更加高效。现在，当开发人员检出文件时，他们在自己的分支中进行。由于在这个分支中没有（或很少）其他开发人员在工作，当他们提交更改时，他们可能不会与在同一文件中工作的其他人发生冲突，因此不需要为每次提交执行合并过程。

分支让我们可以有效地进行一系列提交，然后一次性将所有这些提交合并回主干（见图 5-5）。因此，我们不再需要为每次提交解决冲突，而只需要在将我们的个人分支合并回主干时进行一次解决冲突的操作。

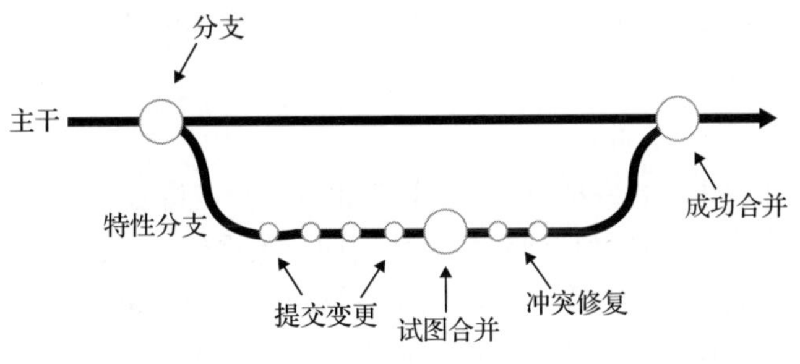

图 5-5　分支 – 提交 – 合并工作流

5.2.2　协作功能

像 Git 这样的 SCM 工具提供了前面章节中描述的核心功能。然而，许多现代 SCM 平台（如 GitHub 和 GitLab）通过一组社交和协作功能扩展了这些基本功能，以帮助管理大型和基于社区的项目中的代码。

如今，这些平台中最大、最知名的是 GitHub。GitHub 以软件即服务（SaaS）或本地部署的形式提供，并提供了以下对 DevOps 有用的附加功能：

- 访问控制。
- 公共与私有仓库。
- 问题跟踪。
- 拉取请求。
- 分叉。
- CI 服务（GitHub Actions）。

将这些功能与 Git 的核心功能结合，可以创建一个支持从小型独立开发者项目到大型社区驱动的开源项目的平台。在接下来的章节中，我们将更详细地研究这些功能。

1. 访问控制

在 Git 中，仓库是项目的文件集合。这些文件可以是文档、代码或二进制文件。然而，Git 把对这些文件的访问控制留给了用户。像 GitHub 这样的平台定义了更好的访问控制，为仓库所有者、协作者和所有人分配了不同级别的权限。此外，在基于团队的项目中，还有一个名为“组织”的概念，它提供了额外的基于角色的访问控制选项。

2. 公共与私有仓库

除了基于用户的访问控制，GitHub 还引入了公共与私有仓库的概念。公共仓库对任何人都可见，对于 GitHub 的 SaaS 服务来说，这表示它在互联网上可见。另一方面，私有仓库可以配置为仅对经过批准的个人或团队可见。

对于基于社区的开源项目，公共仓库是有意义的。为了让社区有效地协作，代码需要公开。然而，在大多数基于基础设施即代码的基础设施自动化场景中，私有仓库由少数经过批准的个人维护。在这些情况下，即使是在本地运行的 GitHub 场景，具有严格访问控制的私有仓库也是最有意义的。

3. 问题跟踪

在 GitHub 中，“问题”是一种跟踪诸如错误报告、功能请求、文档错误等内容的方式。对于大多数项目来说，有效地管理问题的生命周期至关重要。过去，这个过程可能需要进行许多手动操作，人们需要在多个不同的工具中输入信息，以更新问题在其生命周期中的状态。例如，可能需要使用一个工具来跟踪错误，另一个工具用于讨论错误，第三个工具用于记录工作，还有第四个工具用于代码版本控制。当一个错误经历报告、讨论、修复和版本控制更新的生命周期时，需要一个人访问多个不同的工具，而且很可能需要在工具之间复制信息以正确跟踪错误的生命周期。

将问题集成到 SCM 中，可以通过在整个平台中链接到问题 ID 的引用来自动管理这个生命周期。因此，通过在每个步骤中使用井号后跟问题 ID（例如，#120），问题可以贯穿报告 – 讨论 – 修复 – 合并到主干的整个过程，而无须访问多个不同的工具并手动更新每个工具。这种自动化的生命周期管理提高了文档的质量、合规性和效率。

4. 拉取请求

在 Git 中，向仓库贡献代码的典型方法是通过分支 – 提交 – 合并过程。这个过程有助于保持代码的版本控制，并允许团队成员在同一段代码上并行工作。然而，在合并过程中，团队成员之间无法进行讨论或协作。这就是 GitHub 拉取请求（PR）的作用。与分支 – 提交 – 合并相比，这个过程变为了分支 – 提交 –PR。合并允许团队成员直接将代码合并到主干，而 PR 则需要项目维护者的审查和批准，以及（稍后在本章后面的部分中会详细介绍）可选的自动 CI 过程的成功验证。此外，它还为在将变更合并到主干之前进行变更讨论提供了有价值的场所。

5. 分叉

对于任何给定的仓库，通常只有少数人被授权直接向仓库提交代码。这个小组可以通过遵循典型的分支 – 提交 – 合并过程向仓库贡献代码。然而，在一个可能有数百甚至数千名贡献者的典型社区项目中，试图有效地控制谁可以创建分支并直接向仓库提交代码可能变得难以管理。分叉的概念解决了这个问题。

当您分叉一个仓库时，实际上是将目标仓库复制到您自己的账户中，从而创建了一个分叉后的仓库副本。这个过程允许您在不直接提交到原始仓库的情况下，在您的分叉中开发增强的功能或修复错误。

当您的功能增强或错误修复完成时，您可以从分叉中创建一个 PR 返回到原始仓库。原始仓库的维护者可以选择接受、拒绝或要求修改您的 PR。通过这种方法，任何有改进想法或错误修复的人都可以为基于社区的项目贡献代码，而无须项目维护者不断地赋予权限。

6. CI 服务

一些 SCM 中还内置了某些持续集成（CI）服务。我们将在本章后面更深入地讨论这个问题。但是，现在请思考一下，无论在 SCM 中如何进行更改，都能触发自动测试，并确保这些更改有效、符合合规性，并且不会破坏我们的基础设施，这不是非常酷吗？

5.2.3　SCM 总结

SCM 对于 IaC 以及最终的 DevOps 至关重要。它们使团队能够在确保安全和高效的同时协作编写代码，并提供所有必要的工具或触发器以启动 CI 所需的测试和验证。没有 SCM，IaC 将远远不够有用。通过将基础设施设为“代码”，可以解锁使用 SCM 的所有好处。

5.3　持续集成工具

有了功能齐全的 SCM 作为基础，我们现在可以开始探讨持续集成工具的概念。正如本章前面所述，IaC 本身是一个重要的第一步，因为它使我们能够利用 SCM 的所有优秀功能。

通过 SCM 管理 IaC 已经为 CI 提供了必要的基础。

回顾一下，常见的 SCM 工作流程之一是分支 – 提交 – 合并过程，其中所有建议的变更都在功能分支中进行，然后在批准后合并回主干。在这个工作流程中，将变更合并到主干的“门”是具有正确权限的仓库审批者。CI 为这个过程增加了另一个“门”。在 CI 中，在变更可以合并之前，需要通过一系列测试，以验证变更不会破坏任何东西。这些测试可以包括安全扫描、数据验证、语法检查、风格检查，以及在网络基础设施的情况下，进行状态检查以验证诸如路由表和端到端连接性等。

CI 的核心是一个自动化的工作流程，旨在安全地加速集成变更。它确保只有经过测试和验证的变更才能集成到主干中。正如前面讨论过的，主干可以用于构建应用程序工件（例如库、容器或虚拟机），或者实际网络本身。考虑到如今大多数网络变更是由在 CLI 上输入的人直接对生产网络进行的，CI 过程在每个建议的变更进入生产环境之前都运行自动化测试，这一概念将真正改变如今网络基础设施的运作方式，加快变更的速度，同时增加对这些变更不会破坏关键服务的信心。在接下来的部分中，我们将更仔细地研究 CI 的可用工具以及如何将它们集成到 SCM 中。

5.3.1 CI 引擎

目前使用的 CI 引擎主要分为两类：内置于 SCM 的引擎和独立的应用程序。在 CI 的早期阶段，通常使用独立的应用程序，比如 Jenkins。随着 SCM 平台的发展，它们开始提供必要的钩子以与 CI 应用程序集成。这些钩子提供了两个重要的功能：

- 根据仓库状态的更改（例如提交、合并），触发 CI 工作流程。
- 将 CI 工作流程的结果传递回 SCM。

有了这些钩子，像 Jenkins 这样的工具可以自动化与 SCM 的集成，为典型的 SCM 工作流程增加价值。当开发人员提交新代码时，自动化工作流程可以测试和验证每个变更，并及时向开发人员提供关于新变更是否可接受的反馈。此外，在将这些变更提交合并回主干时，可以要求新代码通过所有必要的自动化测试，而不仅仅是要求人工审查更改。

这种改进的过程使得一种名为测试驱动开发的新方法得以实现。即在为特定更改创建新代码之前，首先编写该更改的测试用例。这种方法解决了传统开发中的一个常见问题，即过多地关注于发布代码，以至于编写新代码的测试步骤通常被忽略，导致未经测试或部分测试的代码被合并到主干中。在自动化网络基础设施的时候，这是一个需要考虑的重要方法，因为仅仅为了加速将未经测试的变更引入环境而自动化基础设施，这可能不是期望的结果。

现在许多开发人员已经采用 CI 和测试驱动开发，像 GitHub 和 GitLab 这样的 SCM 平台开始将 CI 服务原生地构建到它们的平台中。因此，在以前，可能需要为 SCM 提供、维护和集成一个单独的 CI 服务器，如 Jenkins，现在只需在仓库中包含一个适当的文件，指导 SCM 如何执行 CI 工作流程，而无须进行所有额外维护自己的 CI 服务器的工作。

5.3.2　持续集成工具的工作方式

为了理解 CI 服务器如何与 SCM 协同工作，了解在引入 CI 时典型的 SCM 工作流程如何变化是很有用的。图 5-6 展示了在典型的分支 – 提交 – 合并 SCM 工作流程中引入 CI 时的情况。开发者所做的每次提交都由 CI 进行测试。请注意，在开发者进行的前几次提交中，CI 测试都失败了。只有在开发者通过 CI 的提交测试之后，他们才能尝试将变更合并到主干。在这个场景中，需要解决与主干的一些冲突，但在解决了这些冲突并通过 CI 测试的最后一次提交之后，开发者可以尝试再次合并。审批者审查变更并查看所有测试都已通过之后，批准合并，于是开发者经过验证的变更被合并到主干。

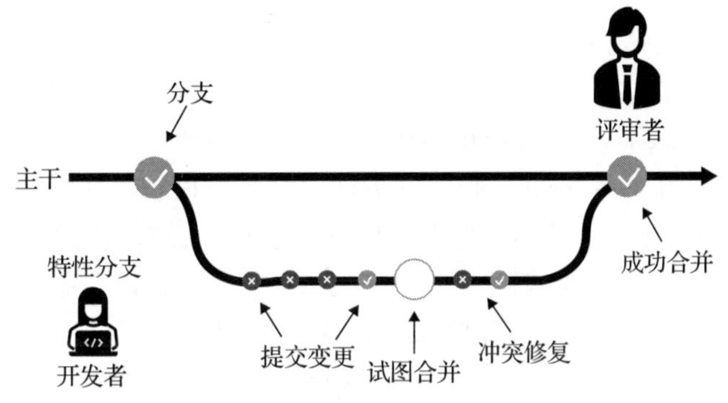

图 5-6　持续集成中的 SCM 工作流

回想一下，我们需要做两件事来使所有这些流程正常工作：一是触发 CI 工作流程，另一个是返回 CI 工作流程结果。CI 工作流程可能以多种方式触发，但最常见的是在提交或合并时触发工作流程。如果您使用的是外部 CI 服务器，例如 Jenkins，那么 SCM 可以配置为在进行提交或请求合并时向 Jenkins 执行 Webhook。如果您使用的是本地 SCM 的 CI 服务，那么您可以在仓库里的适当 CI 文件中指定工作流程触发条件。

现在我们可以触发 CI 工作流程了。需要一种将工作流程的结果传回 SCM 的方法，以便可以用于开发者反馈、变更日志和合并批准过程。如果您使用的是平台的本地 CI 服务，那么通常每次提交时都会自动获取此 CI 工作流程反馈，无须进行任何额外工作。如果您使用的是外部 CI 服务器，那么大多数 SCM 平台都有 API，使 CI 服务器能够将 CI 工作流程的结果附加到特定的提交。

尽可能使用 SCM 平台的本地 CI 功能会更容易。提供、维护和集成自己的 CI 服务器可能会耗时；然而，安全政策 / 法规可能要求任何工作流执行都在内部资源而非公共资源上完成。在这种情况下，维护自己的 CI 服务器可能是有益的。需要记住的是，无论您是使用 SCM 的本地 CI 功能还是维护自己的 CI 服务器，都有工具和 API 可以实现 CI 工作流程。

5.3.3　工作流程示例

清单 5-1 展示了使用 GitHub Actions 为仓库启用 CI 的示例。按照典型的 IaC 方式，

GitHub Actions 工作流程使用 YAML 编写，这使得它们易于阅读和修改。在这个例子中，我们在提交拉取请求时触发 CI 工作流程（on: pull_request），并针对主干（branches: main）中特定文件的变更（paths: ['mdd-data/**.yml', 'mdd-data/**.yaml']）进行操作。

基于特定目录或文件的变更来限制工作流程的运行通常是有益的。特别是在测试覆盖率较高的情况下，CI 工作流程通常会变得复杂且耗时。在这里，我们只在修改存储在 mdd-data 目录中的 YAML 可信数据源的数据时触发工作流程。这样我们就可以避免浪费资源在不需要进行 CI 的文件上。

其他常见的用于触发工作流的事件包括：

- push。在将新提交推送到仓库时运行。
- schedule。按照固定的时间表运行。
- release。在创建新发布时运行。
- workflow-dispatch。通过 GitHub UI 或 API 手动运行。

现在我们已经了解了触发 CI 工作流的方法，并且可以指定在触发工作流时采取的操作。在 GitHub Actions 中，这被称为作业。作业通过 jobs 键来指定。作业按照顺序执行一系列步骤。在清单 5-1 中，我们创建了一个名为 test 的作业，该作业执行了这个仓库中 CI 所需的所有测试，主要是验证可信数据源的正确性，确保它具有正确的语法并符合合规标准，并在应用到网络时进行“空转”。关于 CI 所需的详细步骤，如语法验证、数据验证和空转，在本章及后续章节中有更详细的介绍。现在，了解 CI 工作流程的基本结构就足够了。

清单 5-1 使用 GitHub Actions 为仓库启用 CI

```
name: CI
on:
  pull_request:
    branches:
      - main
    paths:
      - 'mdd-data/**.yml'
      - 'mdd-data/**.yaml'

jobs:
  test:
    environment: mdd-test
    steps:
      - name: Checkout Inventory
        uses: actions/checkout@v2
      - name: Install PIP requirements
        run: pip install -r requirements.txt
      - name: Install Collections
```

```
        run: ansible-galaxy collection install -r requirements.yml
      - name: Create Vault Password File
        run: echo ${{ secrets.ANSIBLE_VAULT_PASSWORD }} > vault_pass.txt
      - name: Run YAMLLINT
        run: yamllint mdd-data
      - name: Validate Data
        run: ansible-playbook ciscops.mdd.validate_data --vault-password-file
vault_pass.txt
        env:
          NETBOX_API: ${{ secrets.NETBOX_API }}
          NETBOX_TOKEN: ${{ secrets.NETBOX_TOKEN }}
      - name: Run OC Update Dry Run
        run: ansible-playbook ciscops.mdd.nso_update_oc --vault-password-file
vault_pass.txt
        env:
          NETBOX_API: ${{ secrets.NETBOX_API }}
          NETBOX_TOKEN: ${{ secrets.NETBOX_TOKEN }}
```

需要注意的是，尽管我们在这里展示了 GitHub 的语法，但所有的 CI 服务器都有类似的结构，允许您运行由任意步骤序列组成的工作流程。因此，尽管工作流程的语法可能会有所不同，但这些概念在很大程度上同时适用于 SCM 和 CI 服务器。

5.4　基础设施仿真工具

测试是 CI 的重要组成部分。但我们到底在哪里运行这些测试呢？在现代应用开发中，应用通常构建在诸如 Kubernetes（本地或云端）、AWS、Azure、GCP 等平台之上。此外，它们通常使用 IaC 以自动化方式进行部署。这些平台大大减轻了为 CI 实例化测试环境的负担，因为可以简单地使用现有的 IaC 在相同或其他按需分配的基础设施上部署应用程序的测试实例。对于许多应用程序，可以通过在开发机器上部署应用程序的部分或全部来进行开发工作，而无须任何外部基础设施。这种灵活性使得每个开发者都可以开发、测试和持续集成所创建应用程序的不同实例。网络基础设施与应用程序在传统上有以下不同之处：

- 网络基础设施通常非常庞大，包含许多相互连接的节点。在大型网络中，很难通过一个小规模的测试来充分测试某些网络行为，例如冗余或故障切换。
- 虚拟网络功能（VNF）是路由器、交换机、防火墙和其他设备的虚拟版本，通常以虚拟机镜像的形式提供。与大多数现代应用使用的容器相比，虚拟机消耗的资源更多，需要更多的 CPU 和内存。这限制了在开发机器上（例如笔记本计算机）能够有效完成的开发工作量。
- 许多网络节点类型并没有提供 VNF。这意味着，要拥有具有代表性的测试网络，唯一真正的方法是购买额外的（昂贵的）硬件和软件，并将它们用于测试环境。对于许多组织来说，这种支出是不可行的。

- 目前可部署的模拟网络拓扑平台（例如 Cisco 建模实验室、GNS3、EVE-NG）的规模有限，API 支持有限，并且 VNF 覆盖范围不足。这意味着它们难以实现自动化，并且无法以足够的准确度模拟网络，以便能够发挥实际作用。

值得庆幸的是，许多这些问题已经得到解决。随着 IT 领域对 DevOps 工具的需求增加，行业和社区已经推出了具有强大 API、广泛 VNF 支持以及可扩展到具有数百个节点的大型仿真网络模拟平台。现代网络模拟平台现在支持常见的 DevOps 场景，即一组工程师可以在各自的网络参考架构实例上操作，而不会相互干扰。这种功能提高了敏捷性，使团队能够更快地开发新的自动化基础设施。

此外，由于这些平台允许通过 API 重新动态地配置网络拓扑，因此现在可以将 CI 的严格性应用于许多在静态物理测试网络中很难或不可能实现的网络中不同类型的更改，例如：

- 动态添加或删除节点或站点。
- 动态重新配置节点之间的链接。
- 轻松地针对不同的操作系统版本测试网络拓扑。

Cisco 建模实验室

现代网络模拟平台的一个例子是 Cisco 建模实验室（CML）。CML 的核心是一个基于 KVM 的虚拟机管理程序，能够在单个实例上模拟数百个节点。与传统虚拟机管理程序不同，像 CML 这样的模拟平台的管理层重点关注以下功能：

- 图形化拖放界面用于拓扑创建。
- 建立任意节点之间的连接能力。
- 创建、更新和删除节点类型。
- 启动、停止、擦除和删除整个模拟网络或单个节点。
- 丰富的 API，用于自动化创建和管理模拟网络。
- 连接损伤能力用于测试（例如添加延迟、丢失和抖动）。

1. 部署选项

CML 可以部署在裸金属服务器上或作为 VMware 上的虚拟机。将 CML 部署为虚拟机是虚拟化嵌套的一个例子，其中虚拟机管理程序可以在另一个虚拟机管理程序（在这种情况下是 KVM 在 VMware 上）中的虚拟机运行。虽然虚拟机部署对于小型或临时的 CML 部署非常有用，但虚拟化嵌套对于规模或性能来说并不是最佳选择。如果目标是充分利用硬件投资，那么裸金属部署是最好的选择，因为这样就不必承担 VMware 的开销。本书设想的模拟平台的关键作用和模拟规模通常意味着推荐裸金属服务器的安装。

2. 规模考虑

在像 CML 这样的模拟平台中，可以实现的网络模拟规模与服务器上可用的内存、CPU

和存储量直接相关。没有一个固定的规则来确定 CML 服务器的大小，因为每个不同的 VNF 需要不同数量的 CPU、内存和存储。因此，对于给定的模拟，所需的资源在很大程度上取决于模拟网络中使用的 VNF 组合以及每个 VNF 的整体配置。换句话说，根据我们的经验，拥有 768 GB 内存、40 个 CPU 核心和 2 TB 存储的服务器可以在单个服务器上扩展到 300 个节点。如果这还不够，可以使用多个服务器。

3. 用户界面

CML 用户界面的核心是工作台，它允许您创建任意拓扑，如图 5-7 所示的 CML 中的 SD-WAN 拓扑。从工作台中，可以：

- ❑ 启动或停止整个模拟网络或单个节点。
- ❑ 获取任何节点的控制台访问权限。
- ❑ 编辑节点的启动配置。

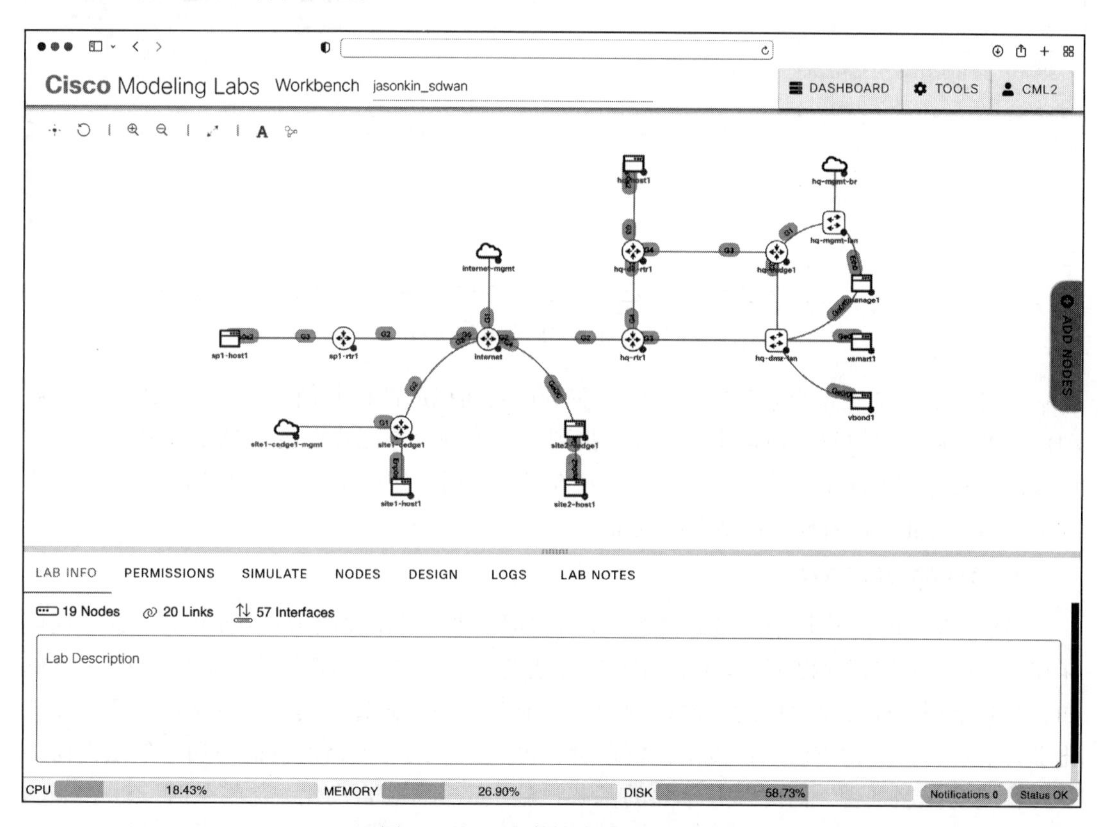

图 5-7　CML 中的 SD-WAN 拓扑

CML 预装有各种 Cisco 路由器、交换机、防火墙和无线局域网控制器的 VNF，这使得即时构建拓扑变得容易。图 5-8 展示了从“添加节点”选项卡中可用的一些 VNF，只需将所需节点拖放到工作台区域即可将其添加到模拟平台中。

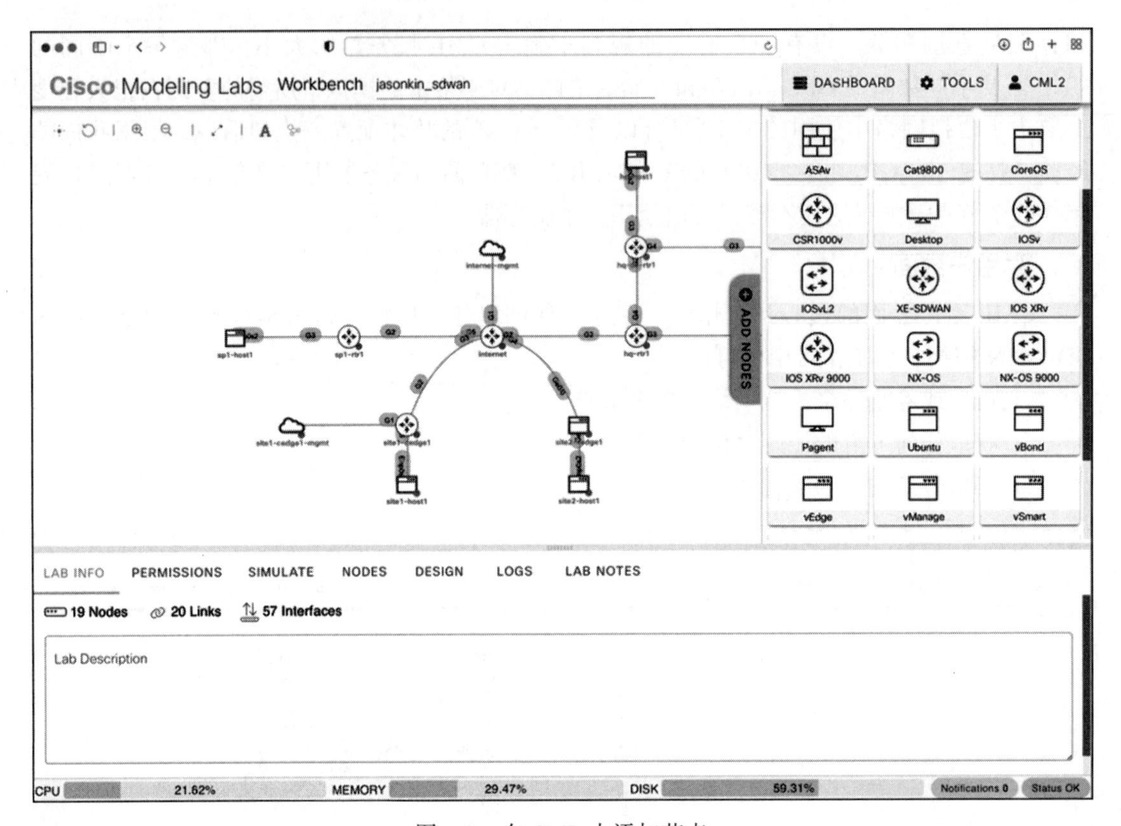

图 5-8　在 CML 中添加节点

在将节点添加到模拟平台之后，可以在节点之间拖放链接并创建完整的网络拓扑。启动模拟平台后，可以选择通过用户界面连接到节点控制台并配置设备。CML 工作台是一种让人们使用拖放界面来设计网络拓扑的友好方式；然而，在使用 CI 自动化测试时，不需要人工启动、停止或配置模拟网络中的设备。

4. 灵活的 VNF 支持

虽然 CML 内置了丰富的 Cisco VNF 支持，但该平台并不仅限于 Cisco VNF。几乎任何能在 KVM 虚拟机管理程序上运行的 VNF（或者任何 VM 映像）都可以添加到 CML 中。例如，有时希望在模拟平台中运行网络管理平台或其他基础设施工具，而不是在专用的虚拟化平台上运行。这种方法的优点是，模拟平台可以包含运行网络所需的一切，包括任何必要的管理或控制平台，而无须在单独的基础设施上运行（和自动化）这些东西。对于像 CI 这样的东西，这意味着在启动测试环境时需要做的工作更少。

5. IaC 工具

正如前面所解释的，为了正确使用 CML 进行 CI，我们需要通过 IaC 对其进行自动化。CML 可以通过多种方式进行自动化，包括 CLI（cmlutils）、Ansible 模块和 API。然而，使用 CML 的最简单的 IaC 方法是利用其使用 YAML 文件与 CML Ansible 模块一起创建模拟网络的功能。

6. YAML 模拟文件

CML 允许您将任何模拟文件（包括拓扑和每个节点的配置）导出为 YAML。这意味着我们可以使用 CML 工作台可视化地创建或修改网络拓扑，然后将其导出为 YAML 文件，如清单 5-2 中所示。

清单 5-2　CML YAML 文件

```
lab:
  description: ''
  notes: ''
  timestamp: 1618933269.4613173
  title: Test Simulation
  version: 0.0.4
nodes:
  - id: n0
    label: iosv-0
    node_definition: iosv
    x: -500
    y: -50
    configuration: ''
    image_definition: iosv-158-3
    tags: []
    interfaces:
      - id: i0
        label: Loopback0
        type: loopback
      - id: i1
        slot: 0
        label: GigabitEthernet0/0
        type: physical
      - id: i2
        slot: 1
        label: GigabitEthernet0/1
        type: physical
  - id: n1
    label: iosv-1
    node_definition: iosv
    x: -50
    y: -50
    configuration: ''
    image_definition: iosv-158-3
    tags: []
    interfaces:
```

```
        - id: i0
          label: Loopback0
          type: loopback
        - id: i1
          slot: 0
          label: GigabitEthernet0/0
          type: physical
        - id: i2
          slot: 1
          label: GigabitEthernet0/1
          type: physical
links:
  - id: l0
    i1: i1
    n1: n0
    i2: i1
    n2: n1
```

清单 5-2 展示了一个描述简单两节点拓扑的 CML YAML 文件示例。这个 YAML 文件中有三个主要块：

- lab（实验室）：包含标题和时间戳等内容的块。
- nodes（节点）：包含拓扑中节点列表、节点名称、节点类型和接口的块。在这种情况下，我们有两个标记为 iosv-0 和 iosv-1 的 IOSv 节点，其 ID 分别为 n0 和 n1。
- links（链接）：包含节点之间连接列表的块。在这种情况下，我们有一个链接（id：l0），将节点 n0 接口 i1 连接到节点 n2 接口 i1。

CML YAML 格式对于人类和机器来说都相对容易操作。人类可以编辑这个文件，而且不需要太多努力，就可以添加和删除节点和 / 或链接。机器可以从头开始生成这个文件，可能使用描述网络的一些现有数据（即可信数据源）或其他工具（如 Microsoft Visio）的数据。无论 YAML 是如何生成的，现在都可以使用 IaC 自动化模拟拓扑并在 CI 中利用它。

7. Ansible 模块

CML Ansible 模块是一种方便的方法，用于创建、启动、停止和删除 CML 模拟。这些模块旨在通过 YAML 文件（见清单 5-2）在 CML 服务器上创建模拟网络，并可选择传递配置数据给每个节点，启动和停止节点，以及删除模拟网络。清单 5-3 展示了一个相对简单的 Ansible Playbook，用于创建模拟网络并启动其中的所有节点。

通过将 CML YAML 文件（见清单 5-2）和 Ansible Playbook（见清单 5-3）纳入版本控制，可以轻松地使用 IaC 启动测试环境，并在 CI 中加以利用。

清单 5-3　Ansible Playbook

```
- name: Create the topology
  hosts: localhost
  gather_facts: no
```

```
  tasks:
    - name: Check for the lab file
      stat:
        path: "{{ cml_lab_file }}"
      register: stat_result
      delegate_to: localhost
      run_once: yes

    - name: Create the lab
      cisco.cml.cml_lab:
        host: "{{ cml_host }}"
        user: "{{ cml_username }}"

        password: "{{ cml_password }}"
        lab: "{{ cml_lab }}"
        state: present
        file: "{{ cml_lab_file }}"
      register: results

    - name: Refresh Inventory
      meta: refresh_inventory

- name: Start the nodes
  hosts: cml_hosts
  connection: local
  gather_facts: no
  tasks:
    - name: Start node
      cisco.cml.cml_node:
        name: "{{ inventory_hostname }}"
        host: "{{ cml_host }}"
        user: "{{ cml_username }}"
        password: "{{ cml_password }}"
        lab: "{{ cml_lab }}"
        state: started
```

8. API

虽然在使用 CML 时，YAML 和 Ansible Playbook 是实现 IaC 的最简单途径，但有时可能需要自动化当前 CML Ansible 模块不支持的功能。在这种情况下，CML 提供了一个功能齐全的 API，允许您创建模拟网络、动态添加节点和 / 或链接、更新节点类型等。大多数在 GUI 中可执行的操作也可以通过 API 实现。

5.5　测试和验证

CI/CD 过程的关键步骤是在变更被合并或部署之前进行测试。我们越快发现变更中的缺陷，网络管理员就可以越快修复该变更中的错误并提交更正请求。因此，我们通常会按照特定顺序执行几种不同的测试，以便快速发现问题并提高测试效率。

5.5.1 语法检查

最简单的测试通常被称为语法检查。在模型驱动开发的背景下，语法检查指的是检查代码和可信数据源的语法正确性。大多数语言都有某种形式的语法检查程序，您无须编写自己的程序。例如，ansible-lint 用于检查 Ansible 数据，jq 用于检查 JSON 数据，yamllint 用于检查 YAML 数据。这些程序会检查 Playbook、.json 文件或 .yaml 文件的结构，并报告任何发现的错误。通常是一些简单的错误，如遗漏的逗号或缩进不正确等。请参考清单 5-4 中显示的 OpenConfig YAML 输入。

清单 5-4 语法有误的 YAML

```
openconfig-system:
  system:
    dns:
      servers:
        - address: 192.168.0.2
          config:
            address: 192.168.0.2
           port 53
```

乍一看，这个例子似乎是一个有效的 YAML 文档，但让我们通过一个语法检查器来确认一下：

```
$ yamllint bad.yaml
bad.yaml
  1:1       warning  missing document start "---"  (document-start)
  9:1        error    syntax error: could not find expected ':' (syntax)
```

可以看出，这个 YAML 存在一些问题。语法检查器通常将问题分类为警告或错误。警告通常更多涉及样式问题，不会导致解析数据时出现问题，而错误会产生严格无效的文档。在这种情况下，在 YAML 文档开始处使用“---”是一种良好的形式，但它们可以在没有这些字符的情况下进行解析，而在键和值之间忘记“:”会导致无法正确解析的文档。我们可以对 JSON 做类似的处理。请考虑清单 5-5 中显示的 OpenConfig JSON 输入。

清单 5-5 语法有误的 JSON

```
{
    "openconfig-system:system": {
        "dns": {
            "servers": {
                "server": [
                    {
                        "address": "192.168.0.2",
```

```
                            "config": {
                                "address": "192.168.0.2",
                                "port" 53
                            }
                        }
                    ]
                }
            }
        }
    }
```

当通过语法检查器运行这个例子时，我们可以看到问题：

```
$ jq -c . bad.json
parse error: Expected separator between values at line 11, column 0
```

一个好的语法检查器会尽可能给出错误的位置。许多组织在将数据和代码提交到仓库之前会对其进行语法检查；它们运行速度很快，因此可以作为确保变更在语法上有效的简便方法。当确认变更的语法有效后，您可以继续确认变更内容的有效性。

5.5.2　元数据格式 / 模型验证

测试的另一个重要部分是验证模型数据。在这个阶段，不仅可以验证模型是否是有效的 OpenConfig 模型，还可以根据自定义的 JSON 模式进行验证。尽管有许多可用于模式验证的选项，但 JSON 模式更为可取，因为它在许多平台上实现良好，并支持广泛的语言和数据格式。它提供了一个非常强大的工具，可以用来执行本地策略，检查可信数据源的合规性以及更多功能。

合规性是复杂计算机系统中日益重要的组成部分。组织需要遵循最佳实践，例如安全技术实施指南（STIGs）、国家标准技术研究院（NIST）的建议、支付卡行业数据安全标准（PCI DSS）等，以确保计算系统达到信息安全的基准状态。虽然合规活动通常关注于运行网络上检查活动的设备配置，但可以使用 CI/CD 过程确保不合规的配置首先不会应用到设备上。例如，假设监管机构要求每个网络设备都有一个显示“仅授权用户可以访问此系统”的横幅，我们可以编写一个 JSON 模式来检查这是否是可信数据源的一部分（见清单 5-6）。

清单 5-6　检查横幅的 JSON

```
{
  "$schema": "http://json-schema.org/draft-07/schema#",
  "title": "Network banner schema",
  "type": "object",
  "required": ["openconfig-system:system"],
  "properties": {
    "openconfig-system:system": {
      "type": "object",
```

```
        "required": ["config"],
        "properties": {
          "config": {
            "type": "object",
            "required": ["login-banner", "motd-banner"],
            "properties": {
              "login-banner": {
                "type": "string",
                "description": "Login banner",
                "pattern": "Only authorized users may access this system."
              },
              "motd-banner": {
                "type": "string",
                "description": "Login banner",
                "pattern": "Only authorized users may access this system."
              }
            }
          }
        }
      }
    }
}
```

在这个例子中，我们要求登录提示语和每日提示语必须满足以下条件：

- 在可信数据源中存在（"required": ["login-banner", "motd-banner"]）。
- 必须是字符串类型（"type": "string"）。
- 必须与字符串 "Only authorized users may access this system." 匹配（"pattern": "Only authorized users may access this system."）。

为了方便阅读，本节后面的模式示例仅包含相关部分。请参考清单 5-7 中显示的 OpenConfig 提示语的 JSON。

清单 5-7 OpenConfig 提示语的 JSON

```
{
  "openconfig-system:system": {
  ...
    "config": {
      "domain-name": "domain.com",
      "hostname": "router1",
      "login-banner": "Only authorized users may access this system.",
      "motd-banner": "Only authorized users may access this system."
    },
...
}
```

如果我们要根据给定的元数据格式验证 JSON，它将验证为良好，没有错误。然而，如果我们提供一些不合规的 JSON 呢？请考虑清单 5-8 中显示的不合规 OpenConfig 提示语的 JSON。

清单 5-8　不合规 OpenConfig 提示语的 JSON

```
{
  "openconfig-system:system": {
    ...

    "config": {
      "domain-name": "domain.com",
      "hostname": "router1",
      "login-banner": "Go away!"
    },
    ...
}
```

通过元数据格式验证工具运行此 JSON 可能会产生清单 5-9 中所示的输出。

清单 5-9　验证不合规 OpenConfig 提示语的 JSON

```
 {'domain-name': 'domain.com', 'hostname': 'router1', 'login-banner': 'Go away!'}:
'motd-banner' is a required property
Go away!: 'Go away!' does not match 'Only authorized users may access this system.'
```

在这里，我们可以看到输入的 JSON 中存在两个不同的错误。第一个错误是我们完全忘记了放入每日提示语。第二个错误是我们的登录提示语与元数据格式中指定的内容不匹配。通过对数据进行这种验证，我们确保了错误的配置永远不会应用到我们的网络上（否则只有在后来的审计中才会被发现）。

5.5.3　功能测试

在对变更进行语法检查并根据模型和模式进行验证后，可以进行功能测试。在这个阶段，可以在模拟平台上或者如果无法模拟则在物理硬件上对系统的实际模型进行测试。由于网络通常过于庞大和复杂，无法在模拟平台中完全复制，因此通常会创建一个代表性的模拟网络来模拟网络中的主要组件。例如，可以分别对网络核心、区域办公室和单个分支办公室进行建模，然后根据给定的更改使用适当的模拟网络。

以下是一些常见的功能测试，适用于网络基础设施：

- Ping。
- Traceroute。
- 网络状态验证（例如 PyATS）。
- 吞吐量（例如 iperf、TRex）。

- 安全扫描（例如 Nessus）。
- 端到端应用测试（例如 Cisco AppDynamics）。

这并不完整。事实上，可以在实时网络上运行任何工具来检查可达性、性能、可靠性或安全性。在接下来的部分中，我们将详细研究一些常见的测试。

1. Ping

Ping 是一个可能不需要介绍的工具。它用于检查网络的端到端可达性，在几乎所有网络设备和操作系统中都广泛应用。尽管 Ping 除了成功或失败地到达特定目的地之外，没有提供太多信息，但它的主要优点是几乎无处不在，并且几乎在每个自动化工具中都得到支持。例如，ios_ping 是一个 Ansible 模块，可以让您轻松地从 Cisco IOS 设备获取一个目的地，并将结果（即数据包丢失、rtt）作为结构化数据返回。这个模块使得创建一个测试列表中的关键主机或站点可达性的功能测试变得容易。

2. Traceroute

另一个常用的网络设备工具是 Traceroute。类似于 Ping，Traceroute 测试特定目的地的可达性，并记录到达该目的地的路径。在常见的网络验证场景中，我们需要检查在给定一组源地址和目的地址的情况下，是否采用了正确的网络路径。在当前的操作模型中，这通常意味着网络操作员在进行更改后，从网络的不同地点发出 Traceroute 命令来验证可达性和路径信息。在 DevOps 中，我们可以使用 Ansible、PyATS 和 JSON 模式的组合来自动化这个过程。本章的后面将详细介绍如何使用 Traceroute 执行这个操作的示例。

3. 网络状态验证

除了 Ping 和 Traceroute 之外，许多当前的手动测试过程要求操作员登录到特定设备，发出一系列 show 命令，然后将输出与过程文档中列出的有效数据进行验证。这些 show 命令的输出通常是我们所说的网络状态信息。我们可能关心的一些网络状态示例包括：

- 路由表（例如 show ip route）。
- LLDP 邻居（例如 show lldp neighbors）。
- 特定路由信息（例如 show bgp 1.2.3.4）。

这些示例对于人类来说相对容易但耗时，毕竟 CLI 是为人类而不是机器设计的。因此，以自动化的方式验证状态信息可能是一个困难且容易出错的过程。幸运的是，我们有像 PyATS 这样的工具，可以将 CLI 状态信息转换为结构化数据，然后我们可以使用 JSON 模式对其进行验证。

4. 吞吐量

有时仅通过端到端可达性测试和网络状态验证无法确定某个特定更改是否安全。一个例子是变更 QoS 策略。QoS 策略通常用于限制或调整特定类型流量的网络带宽，如果管理不当，可能会对网络性能和可靠性产生重大影响。在这种情况下，我们不仅要验证网络状态和可达性，还要验证测量带宽是否符合配置策略。我们可以使用如 iperf 和 TRex 等工具进行带宽测试。

iperf 是一个相对简单的工具，多年来一直用于测试网络中的 TCP 和 UDP 带宽。默认情况下，它只是在远程系统上打开一个 TCP 或 UDP 连接，并尽可能快地发送随机数据。在我们只想知道两个主机之间的流量传输速度的情况下，它非常有用。

TRex 可以作为 CML 中的一个节点，并用于生成模拟典型协议（如 HTTPS、BGP 和 OSPF）的真实流量。此外，还可以用它在测试网络上重放之前的网络捕获。在已知关键业务服务具有复杂流量的情况下，此功能非常有用。我们可以从生产网络中捕获成功的流量，然后将该流量重放到测试网络上，以验证所提议的更改不会影响关键服务。

5. Traceroute 示例

现在让我们看一个使用 Ansible、PyATS 和 JSON 模式验证 Traceroute 命令的工作示例。之前已经详细介绍了 Ansible 和 JSON 模式，但 PyATS 是什么？ PyATS 是一个开源工具，最初是由 Cisco 开发的，用于进行内部自动化测试。回想一下，我们在任何自动化中都会遇到的一个问题是如何将人类可读的 CLI 转换为结构化的机器可读数据。PyATS 就是为了解决这个问题而构建的，它包括许多用于不同平台上 CLI 输出的解析器。

考虑典型 Traceroute 命令产生的人类可读输出，如清单 5-10 所示。

清单 5-10　traceroute 输出

```
R1# traceroute 192.168.180.1 numeric
Type escape sequence to abort.
Tracing the route to 192.168.180.1
VRF info: (vrf in name/id, vrf out name/id)
  1 192.168.4.1 1 msec 1 msec 0 msec
  2 10.1.150.20 [MPLS: Labels 53/32 Exp 0] 3 msec 2 msec 2 msec
  3 10.200.50.63 [MPLS: Labels 40/32 Exp 0] 2 msec 2 msec 2 msec
  4 10.149.24.100 [MPLS: Labels 25/32 Exp 0] 2 msec 2 msec 2 msec
  5 192.168.18.78 [AS 1804] [MPLS: Labels 0/32 Exp 0] 2 msec 2 msec 2 msec
  6 192.168.18.187 [AS 1804] 2 msec 2 msec 2 msec
  7 192.168.18.33 [AS 65000] 2 msec *  3 msec
```

这个输出对于人类来说很容易阅读，但对于机器来说，理解起来就比较困难了。现在考虑清单 5-11 中显示的 Ansible 任务。这个任务使用 Ansible 的 cli_parse 模块通过 CLI 运行 Traceroute 命令（traceroute 192.168.180.1），并将输出传递给 PyATS 解析器（name: ansible.netcommon.pyats）。

清单 5-11　Ansible 任务

```
- name: Get the output via cli_parse and PyATS
  ansible.utils.cli_parse:
    command: "traceroute 192.168.180.1"
    parser:
      command: "traceroute"
```

```
      name: ansible.netcommon.pyats
  connection: network_cli
  register: cli_parse_results

- set_fact:
    parsed_output: "{{ cli_parse_results.parsed }}"
```

当执行使用此任务的脚本时，我们会从 parsed_output 变量中获取数据（为了方便阅读而进行了缩略），如清单 5-12 所示。

清单 5-12　parsed_output

```
"parsed_output": {
    "traceroute": {
        "192.168.180.1": {
            "address": "192.168.180.1",
            "hops": {
                "1": {
                    "paths": {
                        "1": {
                            "address": "192.168.4.1",
                            "probe_msec": [
                                "1",
                                "0",
                                "0"
                            ]
                        }
                    }
                },
                "2": {
                    "paths": {
                        "1": {
                            "address": "10.1.150.20",
                            "label_info": {
                                "MPLS": {
                                    "exp": 0,
                                    "label": "53/32"
                                }
                            },
                            "probe_msec": [
                                "3",
                                "2",
                                "2"
                            ]
                        }
                    }
                },
```

```
                ...
            }
        }
    }
}
```

注意，它包含了传统 CLI 输出中的所有相同信息，但在这里，PyATS 解析器生成了结构化的 JSON 输出。现在有了 JSON 数据，我们可以编写一个 JSON 模式（见清单 5-13），以验证我们的 Traceroute 命令并确保第一跳通过了地址 192.168.4.1。

清单 5-13　验证 Traceroute 命令的 JSON 模式

```
"$schema": "http://json-schema.org/draft-07/schema#",
"title": "Traceroute validation",
"type": "object",
"required": ["traceroute"],
"properties": {
  "traceroute": {
    "type": "object",
    "required": ["192.168.180.1"],
    "properties": {
      "192.168.180.1": {
        "type": "object",
        "required": ["hops"],
        "properties": {
          "hops": {
            "type": "object",
            "required": ["1"],
            "properties": {
              "1": {
                "type": "object",
                "required": ["paths"],
                "properties": {
                  "paths": {
                    "type": "object",
                    "required": ["1"],
                    "properties": {
                      "1": {
                        "type": "object",
                        "required": ["address"],
                        "properties": {
                          "address": {
                            "type": "string",
                            "const": "192.168.4.1"
                          }
...
}
```

考虑到网络验证的典型文档所涉及的所有工作，这个 JSON 模式看起来并不烦琐。我们可以编写适用于人类遵循的说明，并以某种方式在自动化中复制这些说明。现在我们有了一个人类和机器可读的模式，可以将其纳入版本控制，并用于验证每个更改的 Traceroute 的环境，以确保机器的速度和准确性。此外，我们还可以使用 Jinja 模板动态填充模式的部分（例如，第一跳 IP 地址），以使模式本身更通用。

5.5.4 测试和验证总结

本节重点介绍了使用语法检查进行语法验证、以 JSON 模式进行数据验证以及使用各种技术进行功能测试的方法论。这种方法的顺序很重要，因为当我们从语法检查和数据验证转向功能测试时，每个操作的资源强度会迅速增加。如果可以通过语法检查和数据验证捕捉到错误，我们就可以避免实例化模拟网络并运行所有功能测试这一资源密集型步骤。请记住目标：快速试错并提高效率。

5.6 持续部署

持续部署是以连续的方式将变更引入网络的做法。也就是说，频繁地推送变更且不会出现停机。实现这一目标的要求是一个强大且彻底的 CI 过程。没有 CI，CD 将不可能实现。也就是说，我们基本上可以免费获得 CD。实现有效 CI 意味着：

（1）已经使用 IaC 来描述基础设施。

（2）在 SCM 中对 IaC 进行版本控制。

（3）有一个自动化的 CI 流程。

（4）有完整的测试和验证覆盖（例如语法检查、数据验证、功能测试）。

图 5-9 展示了如何利用现有工具集将 CD 添加到熟悉的分支－提交－合并工作流程中的一种方法。在这个例子中，在开发者进行更改并通过 CI 测试和验证之后，他们可以请求将更改与主干合并。合并批准后，触发一个 CD 工作流程，将主干的配置部署到生产网络。

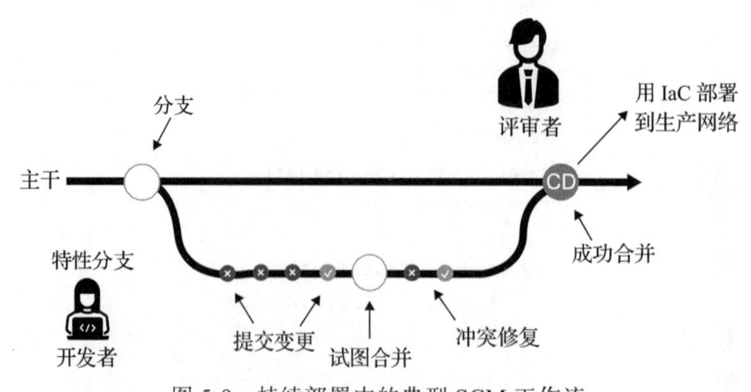

图 5-9 持续部署中的典型 SCM 工作流

实现持续交付的另一种常见方法是通过 SCM 中的发布功能。通常，发布是当前主干的一个快照，并使用版本号（例如 v1.2）进行标记。图 5-10 展示了如何将多个变更批量处理到一个发布中，并一次性地部署它们。在这种方法中，每个变更都会持续集成到主干中，但只有在批准者将其标记为发布（在本例中为 v1.2）时，才会部署到生产环境。

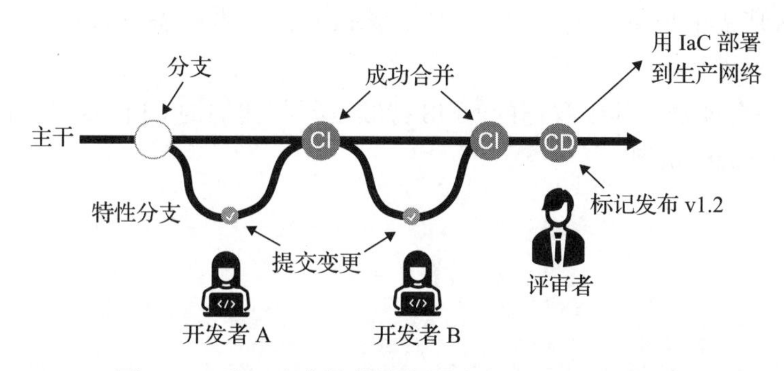

图 5-10　基于发布的持续部署中的 SCM 工作流程

尽管前两个示例关注的是开发者或网络工程师使用 DevOps 工具集对 IaC 进行变更，但更常见的是通过 ITSM 平台（如 ServiceNow 或 BMC）自动执行常规变更。仅仅因为可能会从 ITSM 而不是 SCM 触发变更，并不意味着在这种情况下我们不能进行适当的 CI/CD。由于大多数 SCM 都有通过 API 触发操作的方法，我们可以在 ITSM 中编写一个工作流程，更新可信数据源（在 Git 或外部数据库中），然后通过 API 触发 SCM 中的合并。这样，我们可以利用面向客户的 ITSM 所有优势，同时仍然保持严格的 CI/CD。

5.7　持续监控

在讨论 DevOps 自动化时，如果不涉及监控，讨论将是不完整的。然而，关于监控和指标的所有方面已经有很多书籍讨论过了。因此，在这里的简短讨论聚焦于模型驱动的 DevOps 背景下的监控。

诸如 Nagios、Datadog 和 Zabbix 等网络监控软件（NMS）解决方案为生产网络提供了重要的见解。除了提供有关网络问题的通知外，它们还可以用于收集指标。在某些情况下，还可以使用这些指标来预测问题。您可能想知道这与模型驱动的 DevOps 之间的关系。传统上，NMS 监控两种类型的设备：明确指示要监控的设备和在网络中发现的设备。这两种方法都有弱点。在显式方法中，网络管理员经常忘记添加新设备或删除旧设备。这种疏忽可能导致诸如遗漏问题或在网络中不再存在的设备上收到虚假警报等问题。

在网络中发现设备的方法也可能存在问题。如果设备没有集中在特定的 IP 范围内，具有与您的标准不同的凭据，或者在发现时处于关闭状态，它们可能会被遗漏，这将导致设备未被监控和问题未被检测。

然而，如果使用模型驱动的 DevOps 方法来监控网络，我们可以利用我们的可信数据源来驱动监控配置，而不仅是网络设备配置。就像网络设备提供了用于配置的 API 一样，许多 NMS 也可以通过 API 进行配置。因为可以使用 CI/CD 流水线配置交换机和路由器，所以可以简单地将 NMS 的配置集成到相同的过程中。我们的可信数据源甚至可能已经具有配置 NMS 所需的所有数据！即使没有，修改它以携带所需数据通常也是一个简单的任务。

可以想象一个场景，其中我们的 NMS 持续运行与我们的 CI 流水线相同的一些测试，例如前面的 traceroute 示例。

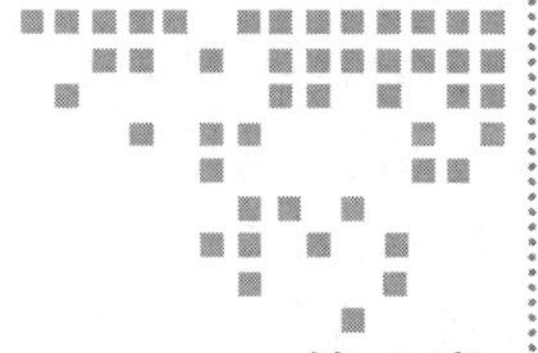

第6章 Chapter 6

落地实施

前面的章节探讨了模型驱动的DevOps的技术基础和工具基础。本章提供了一个在组织中落地模型驱动DevOps原则的实施路线图。为了说明本书中的原则，我们使用这个路线图创建了一个基于实际部署实施的参考实现（包括了文档和代码）。然而，请记住，这只是本书所提原则的诸多可能实现之一。由于我们使用了一个标准的DevOps流水线，以及与读者所在组织开发应用程序的相同类型工具，所以读者很可能不需要从头开始实施。根据所在组织的特定需求，读者可以选择采用这里呈现的全部或部分代码。此外，本章有时会深入细节，除非读者愿意深入，否则请不要陷入其中，只需要对实现物理网络基础设施的DevOps整体过程有个大致了解。

开路先锋

鲍勃和拉里坐在ACME公司的休息室，一起回顾他们在基础设施即代码（IaC）上的成功和失败。他们对IaC的潜力感到非常兴奋，但也意识到面临一些真正的挑战。拉里说："我们已经有了可行的IaC，这太棒了。但目前我们需要做的是停止使用生产网络来开发和测试我们的自动化流程。我们应该看看我们第一次尝试的结果。"

鲍勃喝了一口咖啡，思考着拉里的担忧。拉里当然是对的，过去他们一直在使用生产网络来开发和测试他们的自动化流程。但这不是现代应用程序开发人员开发IaC的方式，他们应该利用云端或本地资源来实例化各种测试环境。为了解决这个问题，他们需要找到一种模拟网络的方法，以安全地开发并测试IaC。但这并不是他们唯一面临的问题。

鲍勃回答道："你说得对。我觉得如果我们想采用DevOps流程，就需要采用相应的工具。我们需要一个版本控制系统，一个执行IaC的方式，以及运行测试的方法。这些都是很好的起点，但我们还面临另一个重要问题。"

“是什么问题？”拉里问道。

“ACME 公司的网络非常庞大。它由成千上万个网络设备组成。即使我们有一种模拟网络架构的方法，我也怀疑无法模拟整个网络。”

“嗯，我没有考虑到这一点。如果我们把它分解成可以模拟的逻辑部分呢？你知道吗，比如广域网主干网、局域网核心网或分支机构办公室的局域网？”

“这是个好主意，拉里。这样我们可以将网络拆分为表示网络区域的一组模块。虽然不完美，但总比在生产网络上开发自动化流程要好。”

“是的，我再也不想那样做了。那么，假设将我们的架构分解为一组模块，而且有了这些模块的仿真方法，然后用这些模块来开发我们的自动化流程，接下来怎么办？”

“嗯，我们需要能够充分利用仿真能力和 IaC，在将应用到生产环境之前进行变更测试。”

“好像很简单。”拉里说道。

“肯定不简单，但这对于实现 DevOps 的潜力非常关键。没有这些，我们就又需要手动运行测试了，而且我们都深知过那样做可能带来的问题。”

“是的，有时我手太笨。”拉里笑着说道。

尝试找出如何正确测试网络基础架构已经足够困难，现在他们还需要其他工具，比如版本控制系统（一种自动执行 IaC 的方式），以及一种自动化测试的方式。鲍勃对所有这些不断变动的部分感到不知所措。光是自己和拉里两个人是无法完成这么多工作的。

那天晚些时候，鲍勃与他的经理珍妮举行了定期的一对一会议。他向珍妮解释说，他们对在 IaC 方面取得的进展感到兴奋，但也表达了对 DevOps 所需工具和流程的工作量感到沮丧。

珍妮说：“你知道吗，你应该找商业应用组的丽莎谈谈。我知道他们在这方面取得了一些重要进展，并且她是那里的背后驱动力。”

鲍勃兴奋地说：“真的吗？听起来很有希望！”

“嗯，他们与我们一样，受到 CIO 的压力，要求采用 DevOps。并且就像你一直告诉我的那样，将 IaC 应用于应用程序在许多方面比将其应用于网络基础架构更容易。”

“我确实觉得我们正在开创一条新路。”

几天后，鲍勃和丽莎终于联系上了。他们一拍即合，意气相投。鲍勃解释了他和拉里一直在进行的 IaC 工作，包括可信数据源、YANG 模型和 Ansible playbooks 等概念。他讲述了他们的成功和失败。丽莎坐在那里听着鲍勃讲述他迈向 IaC 的旅程，点头表示赞同。“是的，是的，是的！”她说。“这正是我希望你说的。网络基础架构对我们来说一直是一个黑盒子。IaC 将改变一切。顺便说一句，我们团队已经要求所有新的应用程序必须使用 IaC 部署，存储在版本控制中，并包含在 CI/CD 流水线中进行全面的测试。”

“这是否意味着你们已经建立了版本控制系统并具备执行 CI 工作流的能力？”鲍勃问道。

“是的！”

“那么我们能否利用这个来实现我们的网络基础架构 IaC ？”

丽莎微笑着说：“我早就知道你会这么问了。”

“丽莎，你真是让我开心啊！”

对于其他可能听到他们对话的人来说，这就像是鲍勃和丽莎在说一种充满奇怪词汇的外语，但对他们来说，这一切都非常清晰明了。在此之前，鲍勃觉得业务应用组只是IT中的另一个隔离群体，总是把网络问题归咎于网络部门。但现在，他发现他们在对待IT运营的未来上有许多共同点。难道DevOps最终会打破这些障碍，将团队们聚集在一起吗？他当然希望如此。

鲍勃知道他们正在为DevOps和CI/CD建立坚实的基础，但也存在问题。虽然他真的想帮助CIO实现她采用DevOps模式的目标，但他不知道应该自动化什么，因为他们没有明确的目标，所以基本上是在试图自动化整个网络。而且，他不禁再次感到他们是唯一一家试图将DevOps应用于网络基础设施的公司。他向后靠在椅子上叹了口气。网络团队需要的是一份DevOps路线图，可以帮助他们避免一些陷阱。

6.1 模型驱动的DevOps框架的参考实现

本章详细介绍了模型驱动的DevOps框架的参考实现。为了与大多数网络中的内容保持最佳一致，我们以市场份额和行业标准为指导，选择了参考实现中使用的组件。在撰写本书时，思科系统占据最大的市场份额，并且通常是路由器和交换机市场的主导者。此外，思科IOS是在这些设备上部署最广泛的网络操作系统，因此我们在参考实现中使用了它。使用思科IOS设备的决策还影响了其他选择，例如使用思科建模实验室（CML）进行网络仿真和思科网络服务编排器（NSO）作为平台；然而，模型驱动DevOps中的方法可以适用于任何供应商的设备。

除了这些产品，我们还使用Ansible作为自动化引擎，GitHub作为源代码管理工具，并使用GitHub Actions作为CI工作流的运行器。在所有情况下，我们都提供了每个选择的其他可用选项，以强调DevOps和CI/CD的总体原则，即DevOps是一种实践，CI/CD是该实践的一种实施方式。具体选择和实施中使用的CI/CD产品和工具是独立的。我们在GitHub中提供了这个特定的参考实现，其中包括了使用的所有工具以及利用这些工具来实现的方法。

上手实践：简介

此参考实现的完整代码在以下GitHub代码仓库中提供：

https://github.com/model-driven-devops/mdd

在本章中，我们将参考代码仓库中的练习，使读者能够更深入地了解代码，并在自己的环境中运行代码。这些练习将帮助读者更好地理解本章中引用的代码。请前往列出的代码仓库以熟悉其总体结构并查看可用的练习。GitHub代码仓库还将提供最新版本的参考实现，并允许读者与作者和开发人员进行交流。

6.2 目标

这个参考实现的目标是从运维人员的视角出发，使网络与云基础架构的操作相同。例如，当云服务的运维人员想要配置一个 AWS 云实例时，他们通常会使用一个叫做 CloudFormation 的 IaC 工具，使用 CloudFormation 服务的数据模型来描述数据结构（见图 6-1），并将描述云实例的所有数据都编写到一个文本文件中，然后将该文件提交给 CloudFormation 服务。该服务会验证数据，最后构建云实例。

图 6-1 CloudFormation 服务的 IaC 工作流

这个参考实现演示了真正的 IaC 方法。使用模型驱动的 DevOps，物理网络也以与现实类似的方式配置。具体来说，使用一个数据模型（在本示例中是 OpenConfig）描述的数据结构，将描述所需网络配置的所有数据都编写到一个文件中。然后，将这些数据提交给一个平台（在本示例中是 Cisco NSO），该平台验证数据并配置网络。一个区别是在现实的网络情况下需要指定大量数据，但过程仍然是相同的。

6.3 DevOps 路线图

通往 DevOps 的道路可能是漫长而曲折的，因此我们提供了 DevOps 路线图来指导整个旅程（见图 6-2）。我们根据在其他实现中发现的成功实践创建了这个路线图。尽管它不会解决读者在这一过程中遇到的所有问题，但它提供了一个实施 DevOps 的行之有效的策略。

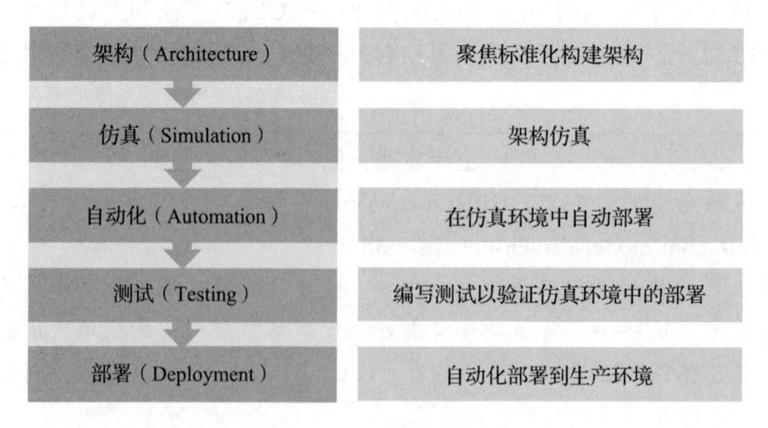

图 6-2 DevOps 路线图

在接下来的章节中，我们将对每一步骤进行更详细的探讨。

6.3.1 架构

首先，需要开发一个相对准确的架构，以表示自动化的内容。没有架构，自动化注定会失败。随着工作量的增加和复杂性的增加，专注于“唾手可得”的简单方法不再具有可扩展性。造成这种不可扩展性的部分原因是自动化通常采用零散的方法。“速成”最初是为特定目标量身定制的易于自动化的工作流程。当添加下一个工作流程时，由于缺乏整体战略，组织被迫在代码库中增加所需要的新脚本，这会导致技术债务增多。根据其网络的大小和复杂性，大多数大型组织将需要数百个工作流程。随着工作流程的添加，自动化的工作很快变得难以管理。最初希望实现组织数字化转型的自动化工作现在变成一个实施了一半的项目，背负着难以克服的技术债务，使其更加落后。

模型驱动的 DevOps 是解决方案的一部分。也就是说，在数据移动的背景下查看网络的配置和生命周期。不要为特定任务创建单独的工作流，而是确保所需配置的数据包含在发送到设备的内容中。使用这种方法，一个工作流可以容纳大多数（如果不是全部的话）配置任务。

然而，即便使用了模型驱动的 DevOps，仍然需要一个良好的自动化基础设施的整体架构。有时，这个架构是显而易见的。例如，越来越多的组织普遍地部署了覆盖网络，将站点、云资源和远程工作人员连接成一个单一的网络。对于这样的部署，覆盖网络将确定该整体架构。这将是自动化的“绿色领域”方法。覆盖网络不会实现完全的自动化，但它可能通过提高网络层次上操作的效率来解决组织中的直接痛点。

“棕色领域”方法适用于那些只需要增加当前运维安全性和灵活性的组织。它们不能等待部署新的覆盖网络或者重大技术的更新。在这种情况下，仍然需要一个架构。这一架构在一定程度上是网络的物理布局，如果不特别关注规则性和可扩展性，网络可能会混沌生长。如果没有对网络的完整全景有一个清晰的认识，那么现在来设计这一架构是评估、优化和记录网络全景的好时机。

现有的网络也有其运行的服务所反映的架构。每个网络都有身份验证、日志记录等基本系统配置，但网络上还有一些其他的服务，用于路由、多播、分段等。当将其视为在网络上运行的单个应用程序时，架构的第二部分就出现了。

1. 网络作为一个应用

在将网络定义为应用程序之后，就需要思考如何开发架构。为了回答这个问题，我们需要回顾之前几章的内容，其中提到了如何组织可信数据源的数据，并将其与 DevOps 的起源结合起来，即应用程序开发。具体而言，我们将配置的每个部分（例如 BGP）视为一个服务或“应用程序”，并对其进行维护。

每个这样的“应用程序”都映射一个 OpenConfig 数据模型。当这些应用程序作为一个整体时，配置整个设备，如图 6-3 所示。

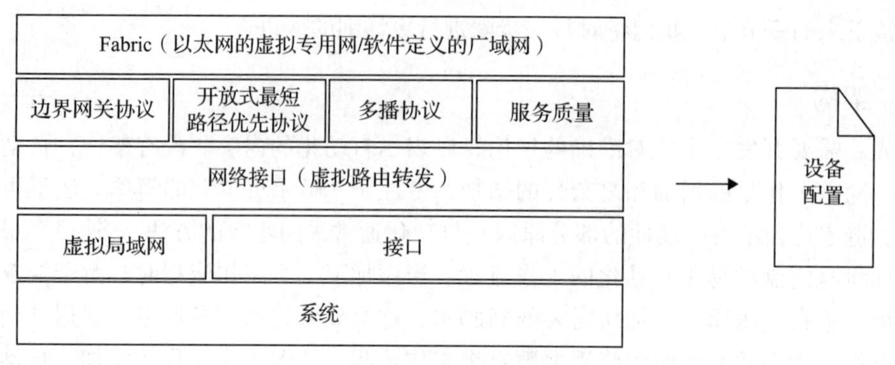

图 6-3　网络作为一个应用

我们可以将每个服务视为现代应用程序开发中使用的微服务，每个微服务都是独立配置和运行的，为整个应用程序提供特定的服务（例如路由）。然而，为了确保整个应用程序正常运行，每个微服务都必须保持同步。在后面的章节中，我们将讨论如何验证这些服务的数据。

将架构定义为一组服务是为参考实现创建架构的方式，许多组织都处于相同的场景中。我们将一个公司网络的物理架构作为参考架构，该网络有一个总部和两个远程站点（见图 6-4）；然后在此基础上叠加服务架构，以开发 CI/CD 流水线。

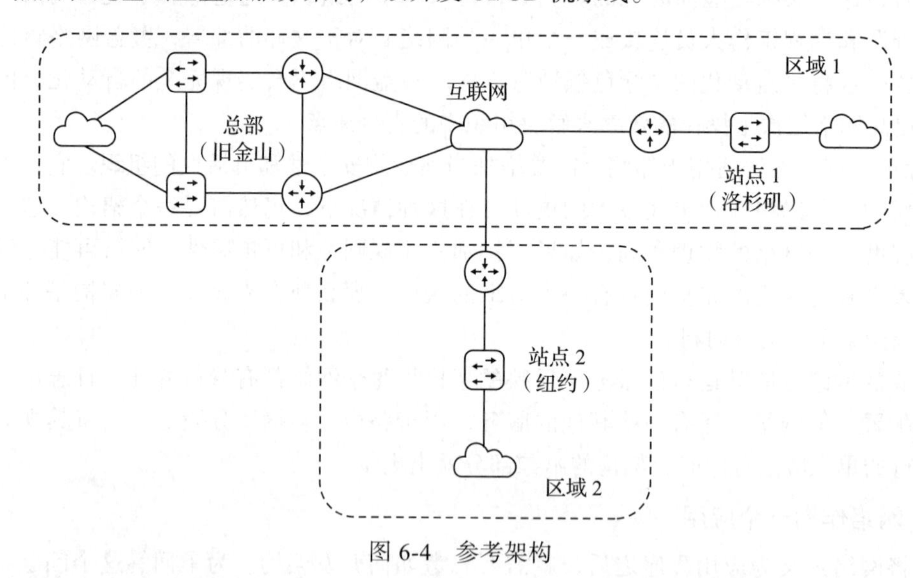

图 6-4　参考架构

该物理网络由站点和地理区域组成，组织的层级结构如图 6-5 所示。

这种层次结构对于如何组织可信数据源以及稍后需要放置特定信息的位置非常重要。

2. 一致性

图 6-5 所示的层级结构代表了许多企业的网络，只是规模较小而已。它有助于说明网络

设计中实现大规模自动化的一个重要方面，即一致性能够实现可扩展性。例如，在这种双站点的网络拓扑中，如果第一个站点的配置与第二个站点不同，该部分网络的复杂性就会增加一倍。随着站点的增加，这种复杂性会继续增加。因此，设计一个站点模板非常重要，这使得每个站点的配置都是相同的，只是具有不同的本地参数（例如网络地址）而已。保持站点之间的配置一致性可以使新站点的部署变得更加容易，并且持续维护也更加轻松。它还有助于仿真和测试。

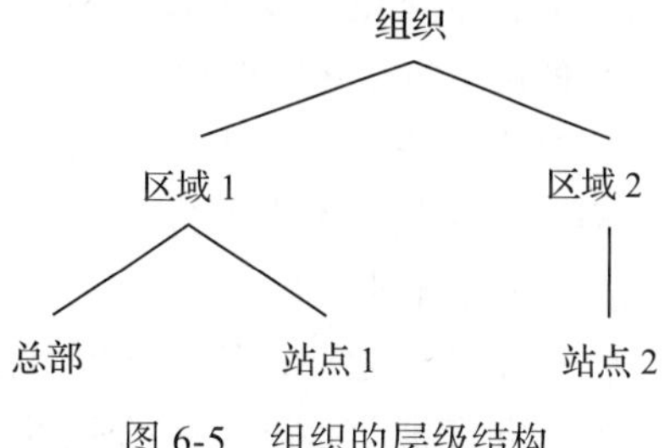

图 6-5　组织的层级结构

6.3.2 仿真

仿真非常重要，它提供了一个用于开发自动化网络的平台。正如本书前面所讨论的，测试网络的成本可能使许多组织望而却步。仿真提供了创建多个网络以供不同开发人员和 / 或不同开发环境使用的能力，而无须购买大量的硬件。高保真仿真生产网络的能力是自动化的关键，也特别适用于 CI/CD。图 6-6 展示了在 CML 中仿真的参考架构。

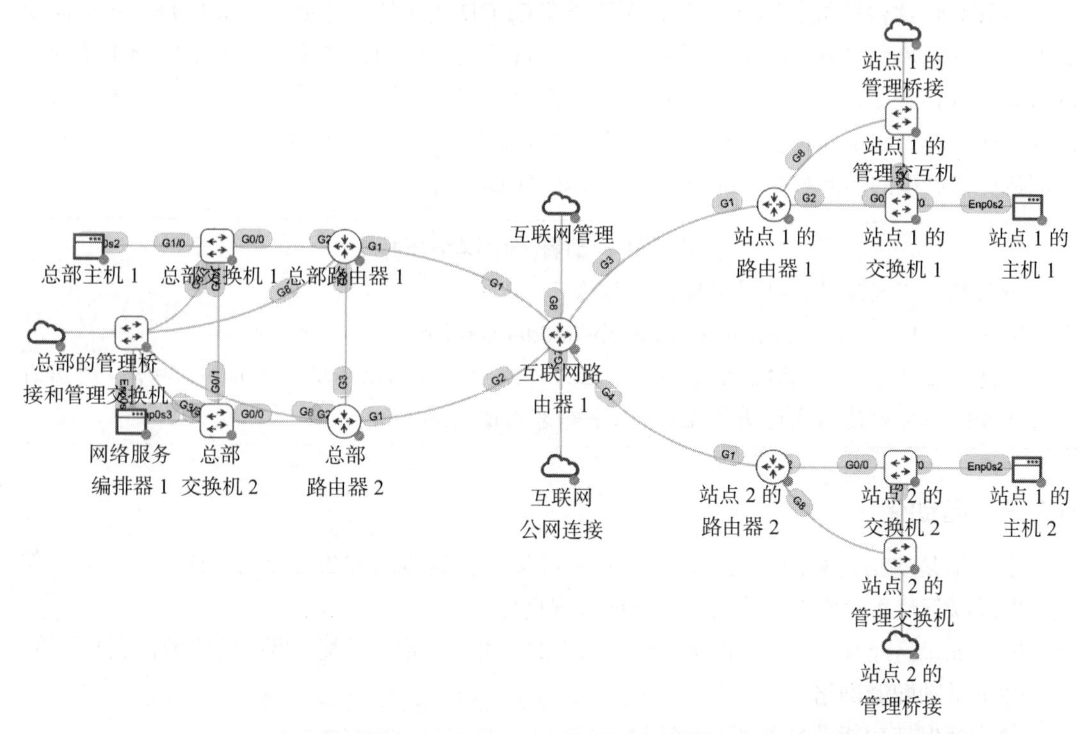

图 6-6　在 CML 中仿真的参考架构

然而，即便是大规模仿真也很困难。尽管可以使用适当数量的资源来模拟数百个元素，但如果没有大量资源，则模拟数千个或更多元素会变得非常困难。这就是为什么架构的一致性会成为成功的关键。大而杂乱的网络的形成原因是大而杂乱的组织需要连接许多站点。对于我们处理的组织来说，拥有数百甚至数千个站点、总计数万台设备的情况并不罕见。这样的网络将很难完整地仿真。

如果这些站点是基于一个或少数基本类型（例如小型、中型、大型）进行部署的，那么只需要对这些基本类型进行仿真即可。如果自动化利用了这种一致性，那么只需要开发和测试这些基本类型。

除了规模之外，仿真环境可能还缺乏表示某些设备类型的能力。尽管虚拟化网络功能的激增和虚拟化基础设施的采用大大增强了使用仿真环境进行开发和测试的能力，但仍有大量硬件难以以高保真度的方式表示。例如，物理网元（如网络接入交换机和无线接入点）在仿真中存在问题。此外，那些在硬件中采用数据包特殊处理的设备，由于速度或可扩展性的原因，也难以以逼真的方式进行仿真。在这两种情况下，可以通过在仿真网络中引入物理硬件来增强仿真的开发和测试网络，以达到所需的保真度。然而，我们要测试的大多数配置更改都涉及网络的控制平面。即使对于那些存在问题的设备，控制平面通常被实现为易于仿真的软件。即使无法精确复制客户端的行为，也可以准确地再现控制平面的行为。

尽管面临这些挑战，网络仿真仍然是开发CI/CD流水线的重要工具。但是，我们需要确保构建仿真网络的拓扑结构，使其可以用于自动化。例如，许多仿真网络依赖于访问控制台来配置拓扑中的设备。因为我们正试图使用与部署相同的工具进行自动化测试，所以需要确保在仿真网络中设置管理接口，以便从控制节点（即运行自动化工作流的节点）获得相同或类似类型的访问权限（例如SSH和RESTCONF）。

上手实践：部署一个网络拓扑

请前往以下网址的“部署网络拓扑”练习：

https://github.com/model-driven-devops/mdd#exercises

本练习涵盖了CML拓扑文件和用于在工作流中部署测试环境的Ansible脚本。根据自己的环境，您可以使用这些脚本在CML中部署测试网络。

6.3.3 自动化

下一步是使用仿真测试网络来自动化基础架构。具体的方法可能因具体情况而异，但我们发现以下流程通常在网络自动化方面表现良好：

（1）如果已经有一个现有网络，选择网络的一部分（希望是整个网络的典型代表）开始。

（2）手动配置网络。

（3）确保其功能满足预期。

（4）开发自动化方法以实现预期功能。

1. 创建一个可信数据源

创建一个中心化的、可编程访问的可信数据源是任何DevOps工作中最重要的部分，有以下几个原因。

首先，用于自动配置设备的数据需要来自某个地方。无论数据来自何处，都必须能够以编程方式完成，以实现自动化。这将加快工作速度，对组织可能具有价值，但无法实现DevOps所能提供的基本业务转型。

其次，可信数据源不应该是现有的物理网络，这是语义学发挥作用的地方。将一个中心化、可编程访问的所需可信数据源组合在一起，配置在物理基础设施上运行，提供了您对实际情况的了解。然而，两者不可能完全相同。即使网络配置在某一时刻与您的期望相符，它也只能在一段时间内保持这种状态。如果您拥有分布在大面积地理区域内的大型网络，那么这个配置很可能会偏离您期望的真实情况。此外，当配置数据集中存储时，更容易维护配置数据的安全性和一致性。如果某个站点发生意外导致现场信息全部丢失，可以从可信数据源重建该站点的配置，从而重建站点本身。虽然可以集中备份配置以应对实际配置丢失的情况，但这样可能会构建永远不会使用的可信数据源。因此，与其创建第二个可信数据源，不如建立一个核心的可信数据源，提供更多整体收益。

最后，一个中心化的、可编程访问的可信数据源使真正的CI成为可能。当希望在推出配置之前对其进行测试时，可信数据源包含所有所需的数据。否则，您必须从现有的网络中心获取所有数据，运行测试，然后将其推回网络。每次想要测试变更时都必须重复这些操作。因此，创建和维护一个包含期望配置的可信数据源中心是很有必要的，能够确保设备上的实际配置与您的可信数据源一致。

2. 移动数据

模型驱动DevOps主要是将数据从可信数据源转移到网络中。图6-7显示了模型驱动DevOps的数据流。

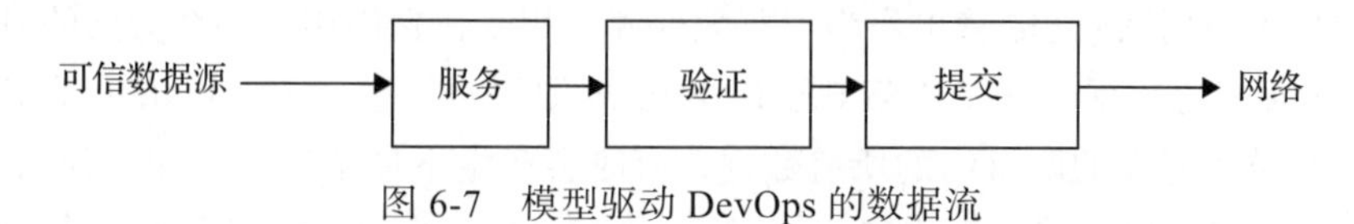

图6-7 模型驱动DevOps的数据流

第一步是构建服务，实际上是配置设备所需的所有数据。该服务可以是更高层的结构，例如SD-WAN，但通常只用于配置网络基础设施的数据。这些数据包括简单的服务（如NTP、DNS和标识服务），以及接口和更复杂的内容（如OSPF和BGP）。将所有这些服务整合为一组完整的数据可以定义整个网络基础设施。因此，我们采用了网络“应用程序”的方法，将每个服务视为微服务，并将一组微服务组合成一个完整的应用程序，用于配置整个网络基础设施。

现在来定义网络上的各种应用程序。首先，使用OpenConfig定义一个NTP“服务”。一个简单可信数据源的数据条目可能如下所示：

```
openconfig-system:system:
  clock:
```

```
    config:
      timezone-name: 'EDT -8 0'
  ntp:
    config:
      enabled: true
    servers:
      server:
        - address: '1.us.pool.ntp.org'
          config:
            address: '1.us.pool.ntp.org'
            association-type: SERVER
            iburst: true
        - address: '2.us.pool.ntp.org'
          config:
            address: '2.us.pool.ntp.org'
            association-type: SERVER
            iburst: true
```

需要注意的几个问题主要涉及该数据对各种设备的适用性。在这种情况下,NTP“服务”可能会在所有设备上配置。然而，并非所有数据都适用于网络中的所有设备。由于存在两个不同的地区对应两个不同的时区，因此需要根据地区适当地设置时区。这意味着该数据的一部分适用于组织级别，而另一部分适用于区域级别。为了在区域级别和站点级别上足够具体，我们需要找到一种方法，而不是重复所有数据。为了解决这个问题，我们需要构建可信数据源，并使用工具收集可信数据源的数据，然后将其合并到与特定设备相关的特定数据中。

3. MDD 的可信数据源

参考实现不使用 Ansible 清单作为主要数据源。相反，它使用了一个分层的目录结构来增强 Ansible 清单的数据。这个决策基于以下几个原因。首先，Ansible 清单系统会加载适用于设备以及设备所在的所有组的所有数据，有时会产生不良结果。例如，我们的 Ansible 清单将交换机放置到以下层次结构中，使用“ ansible-inventory --graph”生成的每个设备都位于两个不相交的组中：一组指定其物理位置，另一组指定其角色。

```
@all:
  |--@network:
  |  |--@org:
  |  |  |--@region1:
  |  |  |  |--@hq:
  |  |  |  |  |--hq-rtr1
  |  |  |  |  |--hq-rtr2
  |  |  |  |  |--hq-sw1
  |  |  |  |  |--hq-sw2
  |  |  |  |--@site1:
  |  |  |  |  |--site1-rtr1
```

```
|   |   |   |   |--site1-sw1
|   |   |--@region2:
|   |   |   |--@site2:
|   |   |   |   |--site2-rtr1
|   |   |   |   |--site2-sw1
|   |--@routers:
|   |   |--@hq_routers:
|   |   |   |--hq-rtr1
|   |   |   |--hq-rtr2
|   |   |--@internet_routers:
|   |   |   |--internet-rtr1
|   |   |--@site_routers:
|   |   |   |--site1-rtr1
|   |   |   |--site2-rtr1
|   |--@switches:
|   |   |--hq-sw1
|   |   |--hq-sw2
|   |   |--site1-sw1
|   |   |--site2-sw1
```

上手实践：清单探索

转到以下 URL 的“清单探索”练习：

https://github.com/model-driven-devops/mdd#exercises

本练习将引导您浏览参考实现的清单文件，以及如何通过 Ansible 脚本与该清单进行交互。

首先，这种配置使我们能够根据物理位置（例如总部的所有设备）或角色（例如网络中的所有路由器）对设备运行的多个脚本。然而，在这种情况下，Ansible 无法确定特定设备的权威组是什么。例如，您可以将数据仅放在权威组中，但是如果希望将数据应用于两个组的交集（例如总部的所有交换机），该如何处理？在这种情况下，哪个数据的优先级更高？

其次，Ansible 会将所有数据从清单加载到内存中，这可能会影响可伸缩性。MDD 不仅用于配置设备的数据，还可以通过 JSON Schema 验证数据和状态。使用 Ansible 清单系统处理所有这些内容将过于复杂且资源消耗大。

最后，我们需要一种方法来合并不同级别的数据并生成适用于 Open-Config 数据模型的数据。尽管 Ansible 可以合并清单中重叠的数据结构，但这不是推荐的设置，并且其处理优先级的方式对 OpenConfig 不利。我们仍然会使用 Ansible 清单系统，但 MDD 的主要可信数据源是目录层次结构中的文件集合，其组织方式与我们的网络结构相同。在参考实现中，使用了以下目录层次结构：

```
.
└── org
    ├── region1
    |   ├── hq
```

```
│   │   ├── hq-rtr1
│   │   ├── hq-rtr2
│   │   ├── hq-sw1
│   │   └── hq-sw2
│   └── site1
│       ├── site1-rtr1
│       └── site1-sw1
└── region2
    └── site2
        ├── site2-rtr1
        └── site2-sw1
```

此层次结构提供了一个单一的权威结构，每个设备都在一个组且仅在一个组中。例如，只在组织 org、region1 和 hq 中搜索应用于设备 hq-rtr1 的数据。要查找特定设备的适用数据，将在从最高级别（例如组织）到设备本身的直接路径中搜索所有目录，以寻找具有特定模式名称的文件（例如 oc-*.yml）。对于 hq-rtr1，该目录列表将在文件系统的根目录（mdd_root）处，如下所示：

```
{{ mdd_root }}/org
{{ mdd_root }}/org/region1
{{ mdd_root }}/org/region1/hq
{{ mdd_root }}/org/region1/hq/hq-rtr1
```

在较低级别的文件中找到的数据将覆盖较高级别的文件中找到的数据，以提供所需的数据优先级。使用 NTP 服务示例来执行此操作。首先，需要定义组织级别的默认值，请创建文件 {{mdd_root}}/org/oc-ntp.yml，并添加以下数据：

```
---
mdd_data:
  openconfig-system:system:
    clock:
      config:
        timezone-name: 'EDT -8 0'
    ntp:
      config:
        enabled: true
      servers:
        server:
          - address: '1.us.pool.ntp.org'
            config:
              address: '1.us.pool.ntp.org'
              association-type: SERVER
              iburst: true
          - address: '2.us.pool.ntp.org'
            config:
              address: '2.us.pool.ntp.org'
```

```
            association-type: SERVER
            iburst: true
```

请注意，以前的 OpenConfig 数据被放置在不同的根目录 mdd_data 中。将数据放在更高级别的数据结构中，除了允许指定元数据（例如标签）外，还可以使代码中的处理更容易一些。因为这些数据是在组织级别指定的，所以它们适用于网络中的所有设备。为了覆盖 region2 的时区，创建文件 {{mdd_root}}/org/region2/oc-ntp.yml，并添加以下数据：

```
---
mdd_data:
  openconfig-system:system:
    clock:
      config:
        timezone-name: 'EST -5 0
```

不需要再次指定 NTP 的服务器信息，因为它是从组织级别的数据继承而来的。当构建位于 region2 中的设备（例如 site2-rtr1）的数据时，数据结构中的时钟（clock）元素将被覆盖，其余数据将被保留。这通过 Ansible combine 过滤器的变体 mdd_combine 来实现，我们开发了该过滤器，以便以符合 OpenConfig 数据模型的方式组合数据。当在这两个文件中包含的 mdd_data 中使用 mdd_combine 时，它将覆盖 timezone-name 并为 region2 中的任何设备生成以下内容：

```
---
mdd_data:
  openconfig-system:system:
    clock:
      config:
        timezone-name: 'EDT -5 0'
    ntp:
      config:
        enabled: true
      servers:
        server:
          - address: '1.us.pool.ntp.org'
            config:
              address: '1.us.pool.ntp.org'
              association-type: SERVER
              iburst: true
          - address: '2.us.pool.ntp.org'
            config:
              address: '2.us.pool.ntp.org'
              association-type: SERVER
              iburst: true
```

除了应用与设备物理位置相关的数据之外，我们还希望应用基于设备角色的数据。为此，我们实现了一个标记系统。如果一个设备具有特定的标记，那么与该标记相关的所有数据将适用于该设备。为了演示这一点，这里有一个仅将数据应用于具有特定角色的设备的示例。文件 {{mdd_root}}/org/oc-vlan.yml 指定组织中存在的所有 VLAN（为简洁起见仅有两个）。在组织级别指定 VLAN 数据可在整个组织中提供一致性，而无须使用任何协议来分发 VLAN。让我们来看一下 oc-vlan.yml 的内容：

```
---
mdd_tags:
  - switch
mdd_data:
  openconfig-network-instance:network-instances:
    network-instance:
      - name: 'default'
        config:
          name: 'default'
          type: 'DEFAULT_INSTANCE'
          enabled: true
vlans:
  vlan:
    - vlan-id: 100
      config:
        vlan-id: 100
        name: 'Corporate'
        status: 'ACTIVE'
    - vlan-id: 101
      config:
        vlan-id: 101
        name: 'Guest'
        status: 'ACTIVE'
```

值得注意的是，由于添加了元数据 mdd_tags，使我们能够指定此数据应仅适用于带有 switch 标签的设备。

上手实践：数据探索

请前往以下网址进行“数据探索”的实操：

https://github.com/model-driven-devops/mdd#exercises

此练习展示了包含配置数据的文件、它们在数据层次结构中的结构，以及如何组合这些文件以创建特定设备的配置数据。此外，还可以在您的环境中运行这些脚本并进行修改，以更好地了解其工作原理。

---

4. 自动化工具

参考实现使用了 Ansible 结构化的 Ansible collection 作为所有工具的数据基础。使用 Ansible collection 有助于维护一个一致的、有版本控制的代码库，以便可以在许多不同的组织中应用 MDD。当为一个组织添加某个特定的功能时，其他组织也会继承它（当然要经过适当的测试）。

Ansible Collection 和实现某些特定功能的 Ansible 插件在流水线执行的各个阶段都担任了数据结构化的角色。与所提出的流水线阶段相一致的三个角色是数据（data）、验证（validate）和检查（check）。

数据角色

ciscops.mdd.data 角色实现了从可信数据源构造配置数据的逻辑。这些数据在设备上下文的变量中可用。该角色被设计为在脚本的开始处调用，以便数据可用于该脚本中的任务。例如，这里有一个简单的脚本示例，显示了设备的配置：

```
- hosts: network
  connection: local
  gather_facts: no
  roles:
    - ciscops.mdd.data
  tasks:
    - debug:
        var: mdd_data
```

数据不会被传递到设备上，它仅用于开发或调试而打印在屏幕上。该脚本会在清单中的每个主机上执行，并且可以使用标准的 Ansible 机制将其限制在特定的主机组上。例如，使用 --limit=routers 参数调用脚本将限制其适用于清单中的 routers 组中的设备。这种细粒度使得在一次调用工具时能够处理网络中的特定部分成为可能。

验证角色

该 ciscops.mdd.validate 角色实现了流水线的验证部分，在本章的“测试”部分将详细介绍。它假设设备的所有数据已经构建完成，并在设备的上下文中可用。它还可以作为角色在脚本的开头被调用：

```
- hosts: network
  connection: local
  gather_facts: no
  ignore_errors: yes
  roles:
    - ciscops.mdd.data        # Loads the OC Data
    - ciscops.mdd.validate  # Validates the OC Data
```

在运行时，该脚本会构建所有数据，并根据 MDD 数据目录中定义的模式对数据进行验证。它可以简单地按原样运行以验证数据，也可以添加特定任务来执行操作（例如，将数据推送到测试网络）。

检查角色

最后一个主要角色是 ciscops.mdd.check。它的使用方式略有不同，因为它会检查活动状态的数据，要么作为 CI 测试的一部分，要么在部署后进行检查。虽然检查角色可以像其他角色一样在脚本的开头执行，但将其作为一个单独的任务更有用：

```
- hosts: network
  connection: local
  gather_facts: no
  tasks:
- name: Run Checks
  include_role:
    name: ciscops.mdd.check
```

检查角色的调用提供了在检查之前运行任务的最后机会。可以在此阶段准备环境，或者在检查之后运行任务，以聚合并报告可能发生的各种故障。

5. MDD 数据

虽然这些角色的调用方式略有不同，但它们都使用 MDD 数据的层次结构来存储文件，并使用类似的默认设置。虽然它们都在每个角色的默认设置中指定，但仍然可以在资源清单（例如 inventory/group_vars/all.yml）中进行覆盖：

```
---
# The root directory where the MDD Data is stored
mdd_data_root: "{{ lookup('env', 'PWD') }}/mdd-data"
# The directory items that make up the direct path
# from the highest level to the device specific level
mdd_dir_items: >-
  {{ ((regions + sites) | intersect(group_names)) +
  [ inventory_hostname ] }}
# The data directory for the particular device
mdd_device_dir: >-
  {{ mdd_data_root }}/{{ mdd_dir_items | join('/') }}
# The file pattern for files that specify OD Data
mdd_data_patterns:
  - 'oc-*.yml'
# The file pattern for files that specify state checks
mdd_check_patterns:
  - 'check-*.yml'
# default file location for JSON schemas
mdd_schema_root: "{{ lookup('env', 'PWD') }}/schemas"
# The file pattern for files that specify data validation
mdd_validate_patterns:
  - 'validate-*.yml'
```

变量 mdd_data_root 定义了 MDD 数据目录的根目录，其中存储了所有的规范文件。此目录在所有角色中都可以使用，也可以通过更改角色的编码使它们分开。

变量 mdd_dir_items 定义了构成特定设备层次结构的元素。层次结构是由设备在 regions 和 sites 组中的成员资格来定义的。例如，在清单（inventory/network.yml）中我们定义了以下这些组：

```
sites:
  - hq
  - site1
  - site2
regions:
  - org
  - region1
  - region2
```

虽然站点是扁平的，但从层次上看，regions是按从高到低的顺序列出的。但是不能仅使用这些信息来构建路径，因为这里有一些组的特定设备不是其成员。为了找到设备成员的组，将这些信息与设备所属的组（在Ansible的group_names变量中指定）进行交集操作。这个操作将得到设备的特定组，并按层次顺序排列。例如，对于hq-rtr1，该交集将得到组org、region1和hq。然后，将特定设备追加到末尾。mdd_device_dir只是简单地将所有这些组串联起来，以便轻松找到设备的特定信息。

在mdd_data_root中有三个变量为三个角色函数搜索其对应的文件模式。此外，每个角色在特定属性下查找数据。将不同函数拆分为单独的文件比读取所有数据更高效。默认的文件模式如下：

```
# The file pattern for files that specify OC Data
mdd_data_patterns:
  - 'oc-*.yml'
# The file pattern for files that specify state checks
mdd_check_patterns:
  - 'check-*.yml'
# The file pattern for files that specify data validation
mdd_validate_patterns:
  - 'validate-*.yml'
```

最后是变量mdd_schema_root，它指示角色在哪里查找相对模式文件的引用。模式根目录可以与MDD数据目录相同，但在参考实现中，我们使用了一个不同的目录以更好地组织文件。

所有功能都以脚本的形式呈现在角色中。这些脚本在运行器中被用作流水线的一部分。

6. 自动化运行器

到目前为止，我们已经定义了脚本和角色，但是我们如何在流水线中使用它们呢？这里有两个主要问题：

- 如何执行各个步骤？
- 何时运行它们？

将运行器定义为执行流水线中每个阶段的机制。有许多选项可用于运行器。如果企业已经有一个正在进行DevOps的应用程序开发组织，那么利用同样的工具就是合理的。否则，工具的选择将取决于可用性、熟悉程度和成本。由于参考实现中使用了 Ansible，因此可以将其用作运行器；然而，我们选择使用 Ansible 是为了将其作为编排工具，并将每个单独的阶段实现为一个 Ansible 脚本。这种方法允许我们使用更灵活的更高级别的运行器。例如，使用 Ansible 以外的其他工具（如 Terraform）在运行器中执行某些操作可能更容易。

参考实现使用了 GitHub Actions 作为运行器。这样选择的原因很简单：GitHub Actions 与 GitHub 整体集成良好，而且由于 GitHub 已经作为源代码管理工具（SCM）使用，这样可以简化我们的整体工具集。需要注意的是，在不同的项目中使用不同的运行器并不困难，因为它们都是相似的。比如，GitLab 作为源代码管理工具（SCM）以及 GitLab CI 作为运行器，它们的配置和工作方式与 GitHub 和 GitHub Actions 类似。

与 GitHub Actions 的集成还解决了如何启动流水线的问题。以下是一个简化的 GitHub Actions 工作流示例文件，在用户提交拉取请求（PR）时启动 CI：

```
---
name: CI
on:
  workflow_dispatch:
  pull_request:
    branches:
      - main
    paths:
      - 'mdd-data/**.yml'
      - 'mdd-data/**.yaml'

jobs:
  test:
    runs-on: self-hosted
    environment: mdd-dev
    concurrency: mdd-dev
    steps:
      - name: Checkout Inventory
        uses: actions/checkout@v2
      - name: Run YAMLLINT
        run: yamllint mdd-data
      - name: Save Rollback
        run: ansible-playbook ciscops.mdd.save_rollback
      - name: Validate Data
        run: ansible-playbook ciscops.mdd.validate
      - name: Deploy Changes
        run: ansible-playbook ciscops.mdd.update -e dry_run=no

      - name: Run Checks
        run: ansible-playbook ciscops.mdd.check
      - name: Load Rollback
        run: ansible-playbook ciscops.mdd.load_rollback
```

当系统用户提交PR时，他们要求将某个更改推送到网络。这个操作会启动CI流程，用于验证数据和进行变更测试。工作流文件指定了当在主干的mdd-data目录中有任何以.yml或.yaml结尾的文件发生更改时，应该启动流水线（我们在其中保存可信数据源的生产版本）。也就是说，我们正在测试可信数据源的具体变更。我们可能还有其他工作流程来测试实际的自动化代码。如果这是代码仓库中唯一的工作流文件，那么在这些规则之外进行的更改将不会启动流水线。然而，通常情况下会有多个工作流文件来处理大多数操作。

在jobs部分，我们指定了具体的GitHub运行器。GitHub提供了云端的运行器，但是它们通常无法访问组织的内部资源。因为参考实现中使用的CML服务器位于组织边界内，所以使用了GitHub的"自托管"运行器。自托管的运行器可以访问CML服务器和其他流水线所需的资源（见图6-8）。self-hosted指令意味着工作流将在该代码仓库或组织可用的一个自托管运行器上运行。

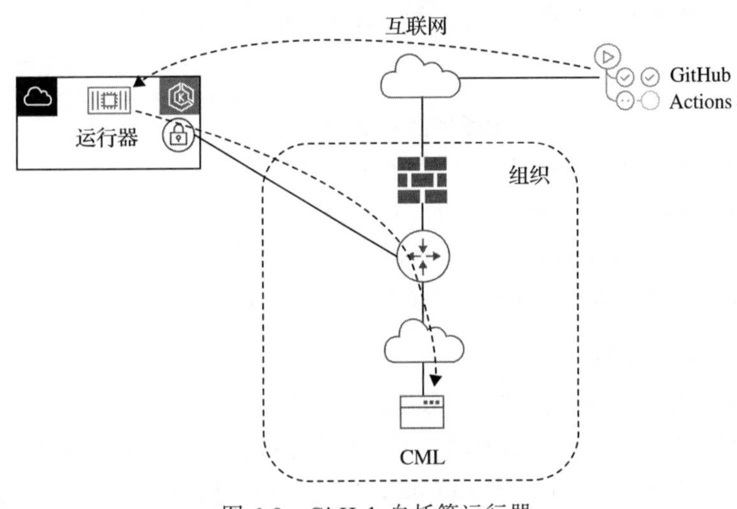

图6-8 GitHub自托管运行器

接下来，environment指令告诉GitHub Actions使用哪个可用环境。environment定义了区分测试环境所需的信息。在我们的案例中，它包括CML服务器、可信数据源、访问资源的凭据等，并允许我们为不同的场景创建多个测试环境。与此密切相关的是concurrency指令，它允许我们定义是否可以在同一个环境中同时运行多个测试。同时运行两个操作可能会造成结果污染，因此在参考实现中配置为禁止并发性测试操作。并发性还可以更细粒度地应用于不同类型的操作。例如，可以限制更改模型的某个特定部分（例如系统、BGP、VLAN）的job数量，但允许多个不会相互冲突的作业。可以在每个测试周期中为每个测试网络启动一个新的CML，但这样做可能会给大型架构增加大量开销。此外，测试环境通常会添加物理设备，这些设备比虚拟资源更难以配置并难以返回到已知状态。

其余的jobs部分执行CI流水线的每个阶段，如图6-9所示。

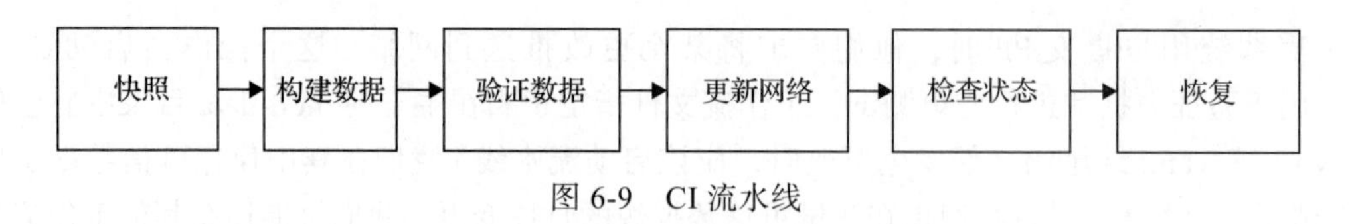

图 6-9 CI 流水线

流水线从获取当前测试环境的快照开始。由于使用了物理硬件，许多组织都具有生命周期较长的测试环境；因此，需要将测试网络保持在与生产网络相同或尽可能接近的状态。因为 PR 包含的更改可能有效，也可能无效，甚至可能被其他运维人员拒绝，所以在将其完全提交到测试网络之前，不希望将其与主干合并。通过对环境进行快照操作，可以返回到在推出更改之前的时间点，将系统恢复到之前的状态。

在拥有了当前网络状态的快照之后，流水线执行前面描述的下两个阶段：构建 Ansible Collection 的数据并验证。在验证完成后，更新网络。此时，让我们稍微偏离一下话题，讨论一下在环境中使用的平台，Cisco 网络服务编排器（CNSO，Cisco Network Services Orchestrator）。

上手实践：运行器练习

打开以下网址的“运行器练习”进行实验：

https://github.com/model-driven-devops/mdd#exercises

在这个练习中，我们将展示指定 GitHub Actions 配置工作流的文件。如果您的 GitHub 账户支持，您也可以在自己的环境中对这个仓库执行“fork”命令并练习这些运行器。

Cisco 网络服务编排器

本书的主要前提是，标准化单一的数据模型极大地简化了自动化工作。无论选择使用哪种模型，只要所有设备的模型都相同，无论其型号或供应商如何，都没有太大关系。在进行全景调查以获取最佳模型时，OpenConfig 成为显而易见的选择，因为它具有全面性和对多数供应商的支持。尽管大多数供应商都支持 OpenConfig，但每个供应商对其支持的全面性不同，并且几乎总是不完整的。因此，当选择使用 OpenConfig 时，我们知道需要在自动化和设备本身之间添加一些东西。我们在前几章中称之为“平台”。平台能够控制不同供应商和设备型号的 OpenConfig 模型的实现。如果供应商没有实现 OpenConfig，这样做可以确保它能够满足我们的要求。

我们选择 Cisco 网络服务编排器（NSO）作为参考实现的平台。主要原因是，在撰写本书时，思科是企业和服务提供商领域的主要网络供应商。因此，由于我们主要是自动化思科设备，所以使用 Cisco 产品作为平台是合理的。我们选择 NSO 的另一个原因是它对第三方供应商提供了丰富的支持。实际上，很多用户将其用于 Juniper 设备。当然，还有其他平台可供选择。例如，OpenDaylight 是一个开源的 SDN 控制器，而 Juniper Contrail 是 Juniper 网络的一个 SDN 控制器。尽管这些解决方案更倾向于更活跃的 SDN 控制器功能（例如路由协议或分析领域），它们仍然是可行的选择。我们只是希望有一个北向的 API 抽象，该抽象将转换为本地设备特定的南向 API 或 CLI。NSO 不仅能够提供 API 抽象，而且在简洁性、功能性和基础设施适用性方面也是最佳选择。

参考实现主要使用 NSO 为网络中的设备提供基于 OpenConfig 的 API 抽象，同时还提供了其他一些操作上有用的功能。其中最有用的是它能够保持状态并回滚到设备配置的先前版本。尽管一些设备可以提供回滚，并将其作为 NETCONF 实现的一部分，但其一致性可能不稳定。另外，回滚不是大多数 RESTCONF 和通用 REST 实现的一部分，而这些实现由于其简单性而变得越来越流行。将配置数据库纳入平台的一部分使我们能够使北向数据模型以及回滚功能实现规范化。

最后，平台方法允许我们通过一个点聚合多个设备的通信（见图 6-10）。单点代理能够限制需要授予设备管理界面的访问权限。我们不需要允许从中央自动化基础设施访问所有设备，而是只允许从站点或区域平台实例进行访问。此外，因为平台具有终端设备的状态，我们还可以减少中央自动化基础设施和设备之间的通信量。诸如试运行之类的操作不需要与设备通信，从而将性能释放出来以执行网络中的指定任务。

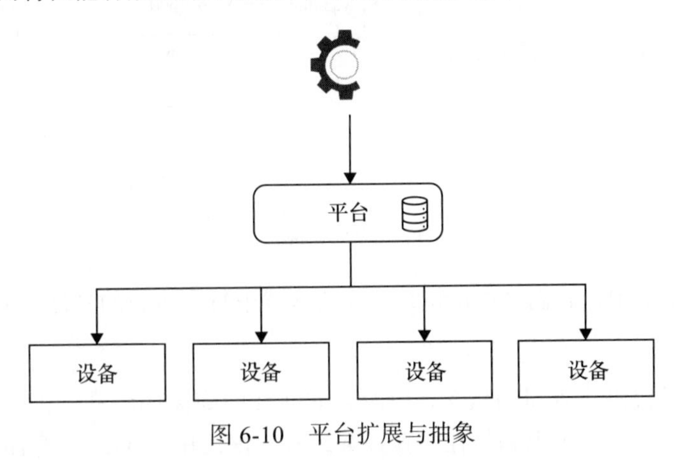

图 6-10 平台扩展与抽象

还有些人可能会反对说，尽管使用单一数据模型能够简化自动化所需代码，但是由于创建了一个用于 API 抽象和规范化的平台，仍然涉及到了相当多的代码。虽然这是一个有效的论点，但是这种复杂性集中在一个社区项目中，其代码是免费可用的，并且可以在各个部署中轻松使用。也就是说，这种复杂性将在部署中摊销，其收益是相当可观的。此外，我们应该强调，利用模型驱动 DevOps 的优势并不是必需的。如果基础设施对 OpenConfig 或其他统一模型有足够的支持，那么也可以直接访问设备或控制器平台。可以使用本书介绍的方法处理多个数据模型，但是这样做可能需要编写更多的模式用于验证和检查，并且会导致数据的可重用性降低。

6.3.4 测试

现在我们已经有了一个架构，一个仿真该架构的方法以及用于自动化的代码。接下来的步骤是确保我们建立了一个强大的持续集成流水线，用于测试可信数据源或自动化代码的任何变更。在上一节中，我们讨论了各种 Ansible 角色，用于使用 JSON Schema 验证 OpenConfig 数据、使用 OpenConfig 配置网络以及使用 JSON 模式验证生成的网络状态。图 6-11 说明了如何在持续集成流水线中使用这些角色来验证、配置和测试变更。

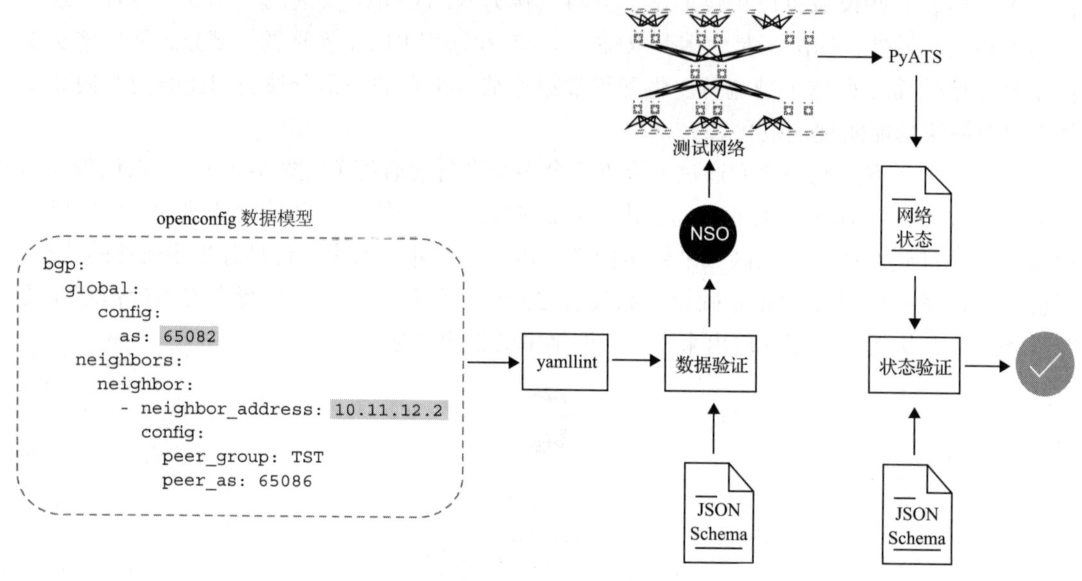

图 6-11 持续集成流水线

在接下来的章节中，我们将讨论持续集成流水线中每个步骤的具体细节。

1. Linting

第 5 章讨论了代码检查器的概念，以及它如何帮助确保代码具有正确的语法、正确的结构，并遵循所选语言的规则和最佳实践。本参考实现使用了 YAML 存储可信数据源，因此需要使用 yamllint 来检查配置数据。与 Python 等语言相比，YAML 具有相对简单的规范，因此我们在这里检查的实际上只是数据的语法和结构是否遵循 YAML 规范。yamllint 不关心键和值的内容，只关心它们的语法和结构是否正确。通过 linting 流程后，验证数据中的实际键 / 值对是否符合合规性规则和 / 或最佳实践将在数据验证阶段进行。

2. 对测试网络实现快照

Cisco NSO 将会将回滚最后事务所需的命令保留为回滚文件。这些回滚文件可以包含来自多个设备的数据，具体取决于变更的方式。在这个参考实现的场景中，我们对每个设备进行变更，因此最后的回滚文件将包含最后变更的设备的数据。此外，所有回滚文件都是连续的。因此，如果有一批变更，则需要执行该批次创建的每个回滚文件。如果我们只是回滚到创建的第一个回滚文件，NSO 就能完成。每个回滚文件都有一个 ID。当我们查询 NSO 最新的回滚 ID 时，它提供了最后一批变更的 ID。为了记住这一点，我们将该回滚 ID

放入一个文件中，以便在流水线的后续阶段中可以使用它。

3. 数据验证与状态检查

测试是 CI/CD 的关键部分。没有测试，自动化带来的速度可能会迅速使您的网络不稳定甚至无法运行。除了测试配置变更外，我们还验证用于进行配置更改的数据。数据验证使我们能够在推出上线之前捕获某些会破坏网络的内容（例如 IP 地址中的拼写错误），并确保其符合政策或监管标准。在数据验证的场景下，我们将针对特定设备构建的数据应用于 JSON Schema。对于状态验证，我们从设备中检索状态数据作为结构化数据；然后，将该结构化数据应用于 JSON Schema。对于这两种操作，我们需要一种方法来确定针对哪些设备进行哪些验证和检查。

对于数据验证和状态检查而言，我们使用与构建配置数据类似的机制。每个函数在 MDD 数据层次结构中都有一个特定的规范。我们将数据验证（validate-.yml）与状态检查（check-.yml）分开。对于这两种文件类型，与配置数据文件一样，可以将标记指定为元数据（使用 mdd_tags 属性），以针对特定操作的适用性。如果未指定 mdd_tags 属性，则假定该属性适用于所有设备。

数据验证

数据验证是指在将数据推送到设备之前对其进行正确性验证。正确性验证至少包括两个方面。首先，我们不希望推送被拒绝的数据，例如不在正确范围内的 IP 地址或 VLAN。其次，数据必须符合组织规范、安全标准或法规要求。例如，组织级验证文件 {{mdd_root}}/org/validate-local 的内容如下：

```
---
mdd_tags:
  - all
mdd_schemas:
  - name: banner
    file: 'local/banner.schema.yml'
  - name: dns
    file: 'local/dns.schema.yml'
```

属性 mdd_schemas 是一个包含模式文件和描述性名称的列表，应用于所列标签适用的设备数据。模式文件和设备数据被传递给 ciscops.mdd.data_validation 模块，该模块使用 Python 的 jsonschema 包将 JSON Schema 应用于数据。列表中的文件是从清单中定义的 mdd_schema_root 来引用的。例如，模式文件 local/banner.schema.yml 包含以下内容：

```
---
title: Network banner schema
type: object
required:
  - 'openconfig-system:system'
```

```
properties:
  'openconfig-system:system':
    type: object
    required:
      - config
    properties:
      config:
        type: object
        required:
          - login-banner
        properties:
          login-banner:
            type: string
            description: Login banner
            pattern: prohibited
```

您可能已经注意到，我们正在使用 JSON Schema，但是以 YAML 格式来编写它们。我们有意以这种方式编写它们，因为 YAML 只需更少的符号开销，可以使模式文件的构建更易于读写。但是，ciscops.mdd.data_validation 模块接受两种文件类型，因此，如果需要，也可以使用 JSON 格式。

无论使用哪种格式，此模式都定义了一个简单的检查，以确保登录框中包含“prohibited”一词。虽然可以检查更多的输入框，甚至整个页面，但为了简洁起见，我们在这里将其限制为单个单词。该模式应用于 OpenConfig 数据的这一部分：

```
openconfig-system:system:
  config:
    domain-name: 'mdd.cisco.com'
    hostname: "{{ inventory_hostname }}"
    login-banner: "Unauthorized access is prohibited!"
    motd-banner: "Welcome to {{ inventory_hostname }}"
```

如果数据与架构中的要求不匹配，测试就会失败。验证角色将运行设备的所有模式，无论这些模式是否运行成功，都会在结束时报告其中的任何失败信息。此外，如果任一模式失败，角色也会随之失败，验证阶段就会失败。这里的流水线会在将错误数据推送到设备之前停止运行。

有几点需要注意。首先，该模式以 OpenConfig 数据树的顶部为根。mdd_data 元素没有被引用，因为它是 MDD 工具的产物，与 OpenConfig 数据本身无关。其次，我们只是将此检查应用于配置树中的一个单独元素，不需要引用其他属性；但是，该模式也可以编写为包括 OpenConfig 数据的其他部分。虽然我们在此示例中只显示了数据的一部分，但是整个设备的渲染数据都会通过模式传递，以便可以检查其所有的数据。最后，在取消引用变量（例如 inventory_hostname）之后，将模式应用于数据。

上手实践：数据验证

在以下网址中进行“数据验证”的练习：

https://github.com/model-driven-devops/mdd#exercises

在这个练习中，我们向您展示了用于数据验证的模式文件以及它们在数据层次中的结构。此外，您可以在自己的环境中运行这些脚本，并对其进行修改，以更好地了解它们的工作原理。

---

4. 推送数据到设备

数据通过正确性验证后，即可将其推送到测试网络。

```
- name: Push OC Data to NSO
  hosts: network
  connection: local
  gather_facts: no
  roles:
    - ciscops.mdd.nso
    - ciscops.mdd.data
  vars:
    dry_run: true
  tasks:
    - include_role:
        name: ciscops.mdd.nso
        tasks_from: check_sync

    - name: Update OC Data
          include_role:
            name: ciscops.mdd.nso
            tasks_from: update_oc
```

该脚本的结构与其他阶段的脚本基本相同。最大的区别是我们将使用 NSO 来推送数据。为了确保已经定义了设备的 NSO 服务器，并且有适当的凭据来进行 API 调用，我们在角色（main.yml）的默认任务中有一个初始化功能。接下来的角色是 ciscops.mdd.data，我们调用它来构建设备的 OpenConfig 数据。然后，该数据将用于后续任务。

我们首先调用的任务是 check_sync，告诉 NSO 确认设备的状态是否与上次 NSO 配置的状态相同。如果不同，说明有人直接访问了该设备并进行了变更。需要根据某种策略处理这种情况，例如，如果发现设备与 NSO 不同步，可以为人工调查创建一个工单。另一种选择是忽略本地更改，只推送可信数据源中的内容，因为可信数据源的数据应该是权威的。参考实现中使用了前一种选项，但是您可以根据需要来实施其他的本地策略。

下一个任务是推送数据。它只是通过调用 cisco.nso.nso_config 的 Ansible 模块向 NSO 发送一个 API 调用。值得注意的是 dry_run 变量用于告诉任务这是一个试运行操作还是实际变更。试运行操作将数据推送到 NSO，然后 NSO 会计算需要变更的内容，但不会将变更推送到设备。试运行对于测试或向运维人员展示在进行变更之前网络中会发生了哪些变化非常有用。当我们在流水线中执行该工作流的此阶段时，包含了 --e dry_run=no 参数，因为我们希望将变更推送到网络中。

上手实践：数据推送

在以下网址中访问“数据推送”的练习：

https://github.com/model-driven-devops/mdd#exercises

在这个练习中，我们讲解了通过平台（Cisco NSO）将数据推送到设备的脚本，并展示了它们如何在试运行模式和提交模式下使用。如果您的环境支持，也可以运行这些脚本以查看它们的工作方式。

状态检查

在将数据推送到测试网络后，工作流程的下一步是进行状态检查。数据验证的目标是在数据推送之前防止问题，而状态检查的目标是在数据推送之后捕获问题。状态检查可以采取多种形式。例如，我们可能希望检查特定的路由是否显示在各个站点的路由表中，或者设备是否能够与指定的 NTP 服务器同步。在这两种情况下，必须将配置推送到实际设备上，并允许协议收敛，然后才能知道变更是否对网络产生了期望的影响。

我们仍然使用 JSON Schema（以 YAML 格式呈现）来检查状态。不同的是，数据不是来自可信数据源，而是来自设备本身。然而，要使 JSON Schema 起作用，数据必须是结构化的（即不是 CLI 输出）。从设备获取结构化数据有两种方式：要么从提供结构化数据的 API 中获取，要么从非结构化数据中提取数据并进行结构化处理。当直接从设备中获取结构化的状态数据时，我们遇到了与最初使用内聚 OpenConfig 支持时相同的问题。也就是说，并不是所有的供应商都完全实现了 OpenConfig 数据模型的状态部分，以至于我们不能仅仅依赖它来完成此任务。目前，我们选择在参考实现中不规范化此功能。

为了从设备中获取结构化的状态数据，我们使用 Cisco PyATS。PyATS 是一个免费的测试和网络自动化工具，对于 Cisco 设备以及许多第三方设备都有很好的支持。尽管 PyATS 包含了完整的测试工具包，但参考实现只使用了其中提供的解析器。这些解析器将来自 CLI 命令的非结构化数据转换为结构化数据。以下示例展示了 PyATS 如何与 Ansible 结合使用。该任务运行 show version 命令，解析输出，并打印软件版本号：

```
- hosts: network
  connection: network_cli
  gather_facts: no
  tasks:
    - name: Run command and parse with pyats
      ansible.utils.cli_parse:
        command: "show version"
```

```
        parser:
          name: ansible.netcommon.pyats
      register: parser_output

    - debug:
        msg: >-
          Software Version
          {{ parser_output.parsed.version.version }}
```

当运行该脚本时，会生成类似以下的输出：

```
TASK [debug]*********************************************
ok: [hq-rtr1] => {
    "msg": "Software Version 17.6.1a"
}
```

请注意，我们打印了数据结构成员（parser_output.parsed.version.version）的软件版本值。尽管这只是一个简单的示例，但这种机制同样适用于更复杂的数据。在获取到这些数据后，我们可以使用 JSON Schema 对其进行验证。与验证数据的过程类似，我们还使用 MDD 数据层次结构中的定义文件来定义我们想要进行的状态检查。例如，文件 {{ mdd_root }}/org/check-bgp-neighbor-status.yml 定义了以下状态检查：

```
---
mdd_tags:
  - bgp
mdd_checks:
  - name: BGP Neighbor Status
    command: 'show bgp neighbors'
    schema: 'pyats/bgp-neighbor-state.yml'
    method: cli_parse
```

与使用 OpenConfig 数据和数据验证定义的文件相同，我们可以使用元数据来限制在哪些设备上执行此测试。在此示例中，我们将在所有具有 bgp 标签的设备上运行 BGP 邻居状态测试。command 属性指定要执行的特定命令，schema 属性定义了用于验证命令结果数据的模式，method 属性指定了我们将如何收集和解析此数据。在此示例中，我们指定了直接从设备获取信息的方法。还有一个名为 nso_parse 的方法，它将收集非结构化数据并使用 PyATS 解析它，但它会通过映射到设备的 NSO 服务器来执行命令，以便所有与终端设备的通信可以通过单点完成。

无论哪种情况，数据都将使用 {{ mdd_schema_root }}/pyats/bgp-neighbor-state.yml 中的以下模式进行验证：

```
title: BGP Neighbor Check
type: object
required:
  - vrf
```

```
properties:
  vrf:
    type: object
    required:
      - default
    properties:
      default:
        type: object
        required:
          - neighbor
properties:
  neighbor:
    type: object
    additionalProperties:
      type: object
      required:
        - session_state
        - shutdown
      if:
        properties:
          shutdown:
            type: boolean
            const: false
      then:
        properties:
          session_state:
            type: string
            const: Established
```

同样，为了提高可读性，我们在 YAML 中呈现 JSON Schema。该 schema 是基于 PyATS 提供的相对扁平数据结构的根节点。首先，它列举了所提供的数据中需要存在的属性，以确保该测试按照指定的方式工作：session_state 和 shutdown。由于 PyATS 解析器返回一个对象列表，这些对象表示配置中邻居关系的状态数据，因此该解析器会检查所有的 BGP 邻居，并在任何邻居会话的 session_state 未设置为 Established 时失败。因此，我们添加了 shutdown 功能，以便运维人员可以通过某种方式指示何时应该关闭某个 BGP 对等互连（即通过使用 shutdown 指令专门关闭它）。

在某些情况下，运维人员可能希望针对层次结构的某个部分或带有特定标签的设备检查状态数据，并提取与指定设备相关的特定数据以进行检查。为了适应这种粒度级别，我们将 JSON schema 作为 Jinja 模板处理，并提供要传入该模板进行检查的数据。例如，定义文件 {{ mdd_root }}/org/check-site-routes.yml 来检查每个站点是否存在特定的路由。

```
---
mdd_tags:
  - router
```

```
mdd_checks:
  - name: Check Network-wide Routes
    command: 'show ip route'
    schema: 'pyats/show_ip_route.yml.j2'
    method: nso_parse
    check_vars:
      routes:
  - 172.16.0.0/16
  - 192.168.1.0/24
  - 192.168.2.0/24
```

在这种情况下，我们将在组织级别将其应用于所有标记为路由器的设备，并检查提供的路由是否存在。我们运行命令 show ip route，并根据以下模式验证它来实现这一目标：

```
type: object
properties:
  vrf:
    type: object
    properties:
      default:
        type: object
        properties:
          address_family:
            type: object
            properties:
              ipv4:
                type: object
                required:
                  - routes
                properties:
                  routes:
                    type: object
                    required: {{ check_vars.routes }}
```

此模式适用于 PyATS 提供的结构化数据。检查角色将文件处理为 Jinja 模板，并将 check_vars.routes 扩展为在定义文件中指定的路由。通过这种方法，我们可以使用相同的模式，并根据特定设备的位置和角色来检查不同的路由。

上手实践：状态检查

转到以下网址的"状态检查"练习：

https://github.com/model-driven-devops/mdd#exercises

在这个练习中，我们展示了指定要在网络中进行状态检查的文件，以及它们获取状态数据的方式和验证状态的 schema。根据自己的环境，您还可以运行这些脚本以查看它们的实际效果。

---

5. 恢复

工作流程中的最后一个步骤是将测试网络恢复到更改之前的状态。如前所述，我们使用 NSO 的回滚功能将网络恢复到之前的状态。唯一的特殊之处在于，我们不仅仅想执行之前存储在工作流中的 ID 引用的回滚文件。这样做将导致回滚到最后一批变更的最后一个设备。相反，我们列出 NSO 中可用的回滚文件，然后选择紧随我们在文件中存储的 ID 之后的回滚文件。这样，我们可以回滚我们为此项测试所做更改的第一个设备（默认情况下回滚所有后续设备）。

6. 持续集成工作流小结

到此为止，我们已经完成了持续集成的工作流程。现在我们可以验证和测试提议的变更，然后以高度自动化的方式将它们接受为权威的可信数据源。我们在这里展示了流水线的技术部分，但请记住之前章节中提到的协作方面以及两者之间的关系。作为提交 PR 和合并代码过程的一部分，需要一个由人组成的团队来合作，以确保更改是有原因的，对如何进行变更达成共识，并且将所有这些进行跟踪和编目，以备将来审计的需要。现在，持续集成流水线已经完成，是时候看看如何自动化部署了。

6.3.5 部署

我们在本节之前所做的所有工作（规划架构、创建可信数据源、将部署自动化到测试网络中）都将部署到生产环境中。主要区别在于规模，因为您的生产网络可能比测试网络大得多，并且工作流程也可能需要进行调整。

1. 规模

让我们首先研究如何适应测试网络和生产网络之间的规模差异。为此，我们需要分析系统的每个部分，以查看其可扩展性是否受限。首先考虑可信数据源。我们正在使用 GitHub，这是一个商业级 SCM，用于存储可信数据源。许多其他生产级、高度可扩展的 SCM 也可以使用，因此我们在可信数据源方面并没有真正的规模化问题。您可能需要向可信数据源中添加其他数据源（例如 IPAM、ITSM），因此需要确保它们足够可靠，以满足公司的需求，但总的来说，这对于整体框架而言并不是问题。

下一个要分析规模化的系统是自动化运行器。参考实现使用 GitHub Actions，这是一个可靠的系统，具有经过验证的可扩展性。我们正在使用托管在 Kubernetes 平台（AWS EKS）上的容器化本地运行器。使用这种机制，可以扩展每个实例以容纳更多的运行器，并且可以按地理位置分布它们。

系统的最后一个部分（也是可扩展性方面最重要的部分）是平台。通过使用平台（Cisco NSO），我们可以规范化需要管理的各种设备的 API、数据模型和功能。平台还提供了可扩展性。利用平台来管理网络基础设施与运营商管理云基础设施非常相似。要创建 CloudFormation 模板中定义的内容，CloudFormation 服务可能需要与许多（数十个甚至数百个）设备进行通信（或至少在某个级别上进行编排）。然而，所有这些都是通过单个 API 调用完成的。无须担心 CloudFormation 模板的可扩展性，因为平台（在本例中是 CloudFormation 服务）会处理底层操作。如果平台是可扩展的，则系统是可扩展的。在我们的案例中，Cisco NSO 是一个可扩展性很高的平台，每个 NSO 实例可以管理数千个（在撰写本书时最多 10 000 个）设备。而且，由于工具使用了可信数据源中的设备到 NSO（或您正在使用的任何平台）的映射，因此可以轻松地在单个 NSO 的基础上进行扩展。因此，对于一项操作，工具只需要与 10 个 NSO 服务器通信，即可自动化处理 100 000 个设备。

规模的另一个方面是地理位置。如果您的设备分布在世界各地，可能会存在延迟和可靠性问题。我们有两种解决这个问题的方法。首先，我们可以在每个不同的地理区域放置一个平台实例。因为平台直接与设备进行通信，这种方法将最大限度地减少通信的延迟，并最大程度地提高了大部分通信路径的弹性。这种方法可能会完全解决我们的问题，但我们在这个参考实现中还有另一种选择。我们可以在不同的地理区域中设置运行器，从而将执行工作流程的运行器以及用于数字可扩展性的一定数量平台实例全部放置在同一地理区域内。

2. 启动工作流程

启动工作流程的传统运维模型如图 6-12 所示。

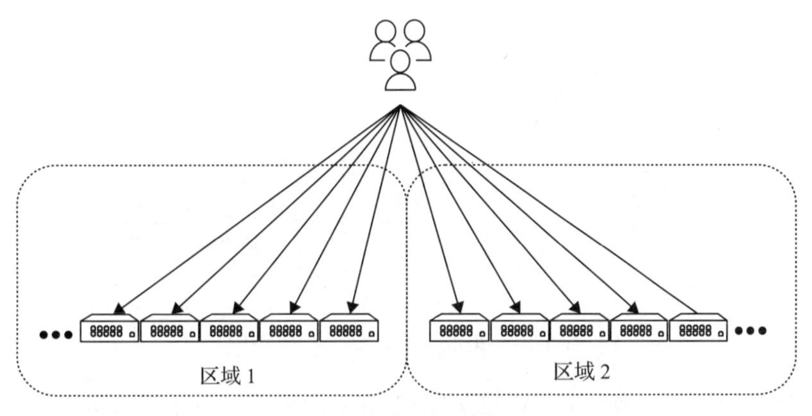

图 6-12　传统运维模型

对于参考实现而言，我们以简单、渐进的设计为目标，这与许多组织操作其云环境的方式非常相似。通过我们所提供的内容，您应该能够过渡到由少量人员（可能比开始时更少）以更具可扩展性的方式管理同样数量或更多设备，如图 6-13 所示。

但是，我们仍然可以改进这个范式，为业务提供更多的价值。在这个范式中，当客户想要请求服务时，我们仍然需要运维人员参与，将外部数据源包含到我们的可信数据源中。最常见的例子是像 ServiceNow 这样的 ITSM。例如，如果应用程序的开发人员想要在防火墙中为新应用程序添加规则，我们会使用 Jinja 作为数据文件，提取 ACL 列表并将其包含在其中一个数据文件中，从而实现图 6-14 所示的工作流程。

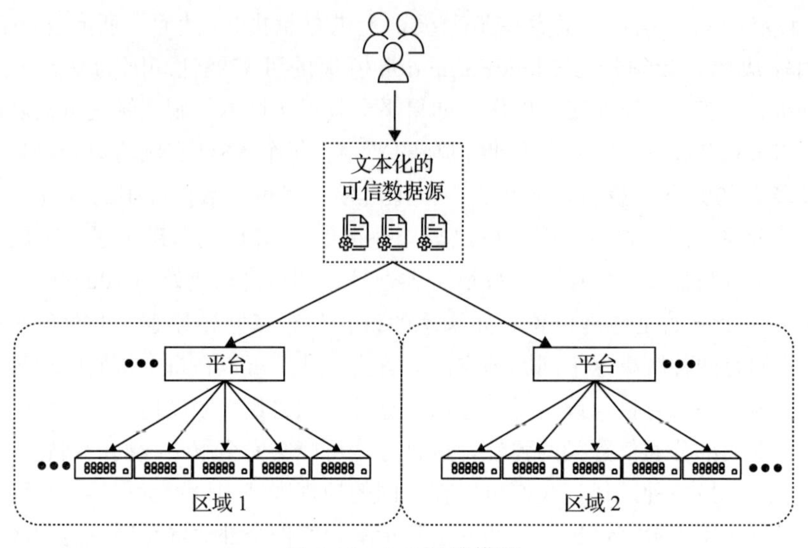

图 6-13 IaC 运维模型

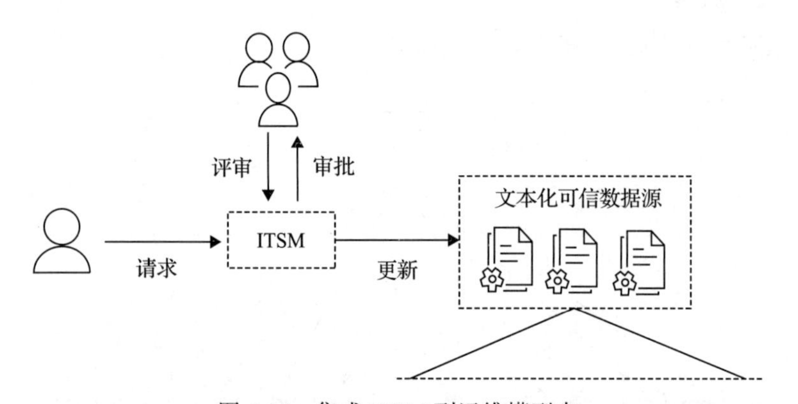

图 6-14 集成 ITSM 到运维模型中

在这种场景中，客户通过 ITSM 提交添加 ACL 的请求，由运维人员审核并批准变更，然后将变更推送到网络上。仍然有人参与其中，但这是为了满足组织规范的要求，实际上并不需要他们进行实际的自动化操作。因此，存在审计记录，但流程更快，并且人为错误更少。如果用例或组织规范允许，您还可以移除人工审核员，从而在客户请求服务和接收服务之间实现最快的周转。这就是为您的组织提供真正商业价值的地方。

第 7 章 Chapter 7

事在人为

到目前为止，我们在本书中已经探讨了当今运维模型存在的问题，并研究了为什么要考虑 DevOps，以及将 DevOps 应用于网络基础设施的框架。阅读完所有这些内容后，如果您确信 DevOps 是适合您所在组织的正确模型，那么您可能仍然担心组织是否真正为此做好了准备。这是一个合理的担忧。回想一下，我们将 DevOps 定义为文化、工具和流程的结合体。考虑到文化是一群人的集体行为方式，采用 DevOps 文化似乎很自然地必须解决人的因素。一位智者曾经说过："你无法改变文化，你只能改变定义自己文化的行为。"然而，通过改变团队内部的行为，采用新的工具、流程和模型，您就可以改变团队的文化。

这不是魔法，这是科学

鲍勃坐在 ACME 公司办公室里，感到欣喜若狂。他终于将所有的自动化机制组装在一起，并看到了成果。在自动化之旅开始时，鲍勃曾持怀疑态度。根据他以往的经验，尝试自动化网络基础架构往往容易出错，并且得不偿失。但是现在，他不得不承认情况已经改变。API 的普遍支持、数据模型的演进以及 IaC 的应用，改变了网络配置的方式。而版本控制系统和持续集成 / 持续交付（CI/CD）流程则改变了网络的运维方式。

最初，鲍勃的团队将他们的努力目标定在确保流程符合监管的合规性上，但是现在他们意识到，他们所建立的东西几乎可以应用于涉及网络的任何运营需求。有了 IaC，向网络添加新服务只是对它们的可信数据源进行协调更新的问题。需要在辛辛那提站点新增一个 VRF 吗？使用适当的键 / 值对更新可信数据源即可。需要从洛杉矶数据中心到云端新增一条路由吗？更新可信数据源中的相应键值对即可。不仅添加新服务变得容易，现在他们已经在变更部署中实现了版本控制和 CI/CD 流程，他们能够确信每个变更都是有效的、经过测试和审批的。他和拉里现在所要做的就是坐下来，想出新的方法来利用他们所建立的东西。

ACME 公司的首席信息官海莉坐在大厅角落的办公室里，感到沮丧。一方面，鲍勃和拉里创造了一些非常了不起的东西。他们似乎掌握了 DevOps 的力量，并且能够获得必要的技能来付诸行动。然而，另一方面，他们是唯一了解其工作原理的人。对于其他很多人来说，他们的努力看起来就像魔法，这是一个问题。这也是海莉必须解决的问题。

在 ACME 公司，鲍勃和拉里在掌握必要技能方面遥遥领先。海莉必须找到一种方法来带领组织中的其他人与他们同行。然而，当她问鲍勃关于他们所构建的文档时，他回答说："嗯，作为 IaC，它会自动记录，并且已经存入版本控制中。"海莉知道，指望没有适当技能的人来阅读相关文档，IaC 是不可能成功的，更不用说使用了。而且，他们需要更多的文档，而不仅仅是代码本身。另一方面，要求像鲍勃或拉里这样的人费力地在 Word 文件中键入文档并将其存储在文件服务器上，这意味着，往好了说会减慢他们的工作速度，往坏了说他们可能根本不会这么做。

此外，海莉对团队日常工作的能见度非常有限。她制定了高层战略方向，但并没有涉足日常的网络运维。鲍勃和拉里进行的 DevOps 工作对她的转型战略至关重要。她对他们所做的 DevOps 工作非常感兴趣，但事实证明，当项目经理每周只收到一次更新时，跟踪鲍勃团队的工作是极其困难的。

该团队在开发 DevOps 所需的自动化方面做得很好，但海莉能看出这只能推动他们有限的进展。即使有了新的自动化工具，他们仍试图用过去二十年来使用的同一套文档和项目管理实践来管理它们。实现她的业务转型目标意味着实施新的流程和工具。鲍勃和拉里已经接受了她的 DevOps 战略，所以她确信他们会适应新的流程和工具。然而，让鲍勃和拉里接受她的 DevOps 战略已经足够具有挑战性了，那么她将如何让组织的其他成员与他们一起踏上这段旅程呢？她知道自己需要从根本上改变 ACME 公司的文化。海莉叹了口气，她甚至不知道从何处开始。

7.1 文化和变革的需求

行业正在发生转型，理解和接受这一点极具挑战性，但它也为你自己和你的组织提供了一个转变的机会。你必须踏上改变自身文化的道路。请注意：文化变革在任何组织中，特别是在大型、复杂且成熟的组织中，都是令人胆战心惊、信心动摇、漫长而艰辛的旅程。

已经有很多书写了关于变革管理的理论，大多数领导者都理解这一理论。然而，当你面对现实时，即使你已经掌握了技巧，并且目前取得了令人难以置信的成功，也可能很难看到需要变革的必要性。挑战在于你和你的同行都非常擅长自己的工作；你可能已经达到了职业生涯的巅峰，可能会获得重要的行业认证、奖项和荣誉。然而，问题在于，在网络行业，特别是在这些能力、技能和多年积累的知识与当今的运营模式相结合时，它们不足以保持现代组织的竞争力、合规性和安全性。遗憾的是，在网络行业以及像我们这样认为自己是网络行业老兵的人中，在采用"更好的工作方式"方面相对滞后。

7.2 从“为什么”开始

请牢记西蒙·西内克（Simon Sinek）的话：“从为什么开始。”为此，让我们退后一步。总体而言，整个IT行业正在发生的是数字化转型。企业、政府、非营利组织、学校和社区等已经或正在创建数字化战略，并且正处于实现这些战略的不同阶段。数字化转型使整个IT行业成为组织目标的核心。IT不再是不得不适应的不便之处；事实上，它是成功定义、设计、部署和运营数字化战略的必要条件。

数字化战略需要转变IT团队的构建方式、运营方式以及IT系统的构建、部署和维护方式。所有这些都发生在执行这些数字化战略的业务和技术领导者的思想中，也许更重要的是在他们的心里。在这种文化转变中，任何在“云”中工作的人都有明显的优势。为什么？因为他们从本质上将IT世界视为一组无处不在、可无限扩展的资源，这些资源将被捆绑在一起，以支持数字化战略。然而，与主要的云服务提供商让你相信的相反，我们生活在一个混合云的世界中。至少，如果业务始终需要连接到云，这总是需要计算、存储和网络。

数字化战略与DevOps和网络有什么关系？要实施数字化战略，我们必须以不同的方式思考设计、部署和维护网络。网络基础设施现在比以往任何时候都需要具备灵活性、可靠性、安全性和普遍性。IT团队不能再以过去20年来的方式来运营网络基础设施，因此需要一种新的方法。

7.3 组织

进行DevOps转型并推动文化变革的组织需要强有力的领导力和一套新工具。

7.3.1 领导力

组织中需要有人来领导向DevOps的转变。这种规模的转变并不是自然发生的。为了改变组织的行为，很可能需要改变（或者至少增加，如果你有增量员工的话）组织的职能结构。要采用DevOps，您必须在团队中创建并填补一些目前可能不存在的新角色。如果要领导这种文化转变，您就要扮演最重要的角色之一，那就是创造一个清晰的未来愿景。作为一名领导者，您必须扮演两个重要的角色，即创造愿景和消除障碍。

在建立了清晰的愿景之后，您的组织将需要合适的人来进行宣传和激励。最终，需要对组织各个层级的人进行一对一地激励，形成思想变革，帮助他们获得信心和动力。

7.3.2 楷模

并不是所有英雄都穿着披风，同样，我们认为并不是所有的领导者都需要经理头衔。理解这一点非常重要，因为仅仅通过经理的命令无法改变单个工程师的行为。整个团队都需要树立榜样。备受尊重的技术领袖往往会给出非常有建设性的建议，指明技术发展前景，并激励组织中其他人采用新的工作方式。在整个组织中寻找这些技术领袖，并为他们安排新的角色和头衔，比如基础设施 DevOps 首席架构师、DevOps 咨询解决方案架构师或 DevOps 工程师。然而，不要止步于此。让他们成为榜样，受到同事的认可并给予奖励，最重要的是，在这个过程中倾听他们的意见和遇到的挫折，找出阻碍他们前进的问题，并迅速消除所有这些障碍。

当然，找到这些人是很具挑战性的。他们拥有罕见的技术能力、远见卓识、动手实践经验，以及带领他人进入未知领域的影响力等。他们备受行业追捧。如果他们在一个基础设施团队中，那么他们所在组织的其他部门或同行业的类似组织很可能已经在 DevOps 之旅中走得更远。深入了解他们所在组织或行业内类似组织的应用开发团队，很可能会很容易发现这些人。

最后一句警告：不要低估那些多年来在部署和维护网络方面深耕的人。毕竟，网络是一项复杂的业务，仍然需要那些知道如何让网络发挥作用的人。网络相关的技能仍然是迫切需要且受到重视的。如果将网络团队中的一些成员带入这个变革的旅程中，那将非常有益。花一些额外的时间关心这个特定的团队。不要忽视继续成长和发展这种网络知识的必要性，同时学习如何通过新的范式应用它。

7.3.3 组建一个团队

在考虑这个新的 DevOps 组织时，还有两个额外的因素需要考虑。除了领导力，还需要人来完成这项工作。合适的人将会对需要完成的工作做出重大贡献。需要有一个关键但经常被忽视的角色，专门负责管理 DevOps 可能对组织造成的问题。在一个适当的“敏捷过程”中，有许多定义明确的角色，如产品所有者、产品经理、scrum 主管和发布工程负责人。越快找到人来促进所有至关重要（且未被充分重视）的工作，进行协调、记录、问责并救火，就越有可能成功。

最后，不要低估团队中已经存在的创造力、经验和知识。在每个组织中，潜在的能力往往因为不适用于当前任务而白白浪费。有了新的模式和一些良好的可见性、协调性和问责制工具，就可以轻松提高团队的生产力并提升满意度。更明确地说，现有团队中肯定有人在这些新领域具有一定的知识和技能。他们的日常工作不是做 DevOps 的事情，但为什么不给他们一个机会，在时间允许的情况下，通过扩展目标或学习任务，让他们在当前的日常任务中抽出时间参与呢？我们在工作中都有一些时间来发展、成长或浪费。为什么不在团队中提供一个有用的出口来利用这段时间呢？

7.3.4 打破藩篱

通过增加一些新角色，任命新的或提升现有的倡导者，也许再增加一两个应用 DevOps 的团队，就可以开始实施一个新的组织模式。很少有机会从根本上改变一个组织，而这次变革正是提供了这样一个机会，充分利用它。考虑一下当前组织内设立的各种藩篱，并打破它们。找出流程或人员中的瓶颈，并找到消除这些阻碍的方法。

7.3.5　社区

就像许多开源项目的运行方式一样，我们在社区驱动的方法中发现了巨大的力量。在一个社区中，全职和兼职贡献者能够通过某种总体目标以及一些非常强大的协调机制和责任制自然地配合一起。这样的社区需要有意识地采纳和记录核心价值观，这些价值观定义了社区的信念和运作方式。

例如，本书的作者属于一个名为 CIDR 的社区。CIDR 社区专注于基础设施的 DevOps，并在其名称中体现了其核心价值观：社区性、完整性、颠覆性和相关性。这个社区有一个雄心勃勃的目标，即在网络行业内创建一个强大而活跃的网络基础设施 DevOps 团队。它由部署在思科、思科的合作伙伴生态系统及其客户内部的全职和兼职 DevOps 人员组成。社区意味着问题和机遇是通过协作解决的，并造福于所有参与者。

即使没有这样一个宏大的目标，在团队内部采用社区方法也是非常强大的。它提供了一个共同理解问题的地方，并通过文档和代码来分享最佳实践和解决方案。它还是利用前面描述的潜在能力的理想之地。毕竟，还有什么更好的方式来释放潜在的能力，又有什么比将这样的能力应用于社区的颠覆性和相关性问题更好的用途呢？

7.3.6　新的工具

到目前为止，我们已经描述了为什么我们坚信这种转型，并解释了支持这种转型所需的一些角色和人员。然而，仅仅改变行为是不够的，还需要采用一些新工具。例如，需要记录项目，以便整个社区人员都了解社区愿景和目的，这会用到文档工具。另外，还需要将项目分解为可行的工作量，由一个人或团队负责，并且利用项目管理工具来传达状态、阻碍、同行评审和验收标准。如果要生成代码，需要利用版本控制工具管理源代码，并与社区内外共享已完成的代码。这三个新工具共同构成了组织层面上所需的 DevOps 工具集。它们相互配合，用于文档化、执行和维护基础设施。

1. 文档工具

大多数人都认为文档是 IT 组织的命脉，但通常情况下，文档可能不完整、过时或者完全缺失。造成这种情况的原因包括：

- 使用完全手工的流程进行文档编写。
- 由于耗时，往往因着急完成任务而忽略文档编写。
- 使用过时的工具，这些工具无法与 DevOps 工具集的其他部分集成。
- 使用过时的存储方法。

此外，许多 DevOps 团队将大部分时间集中在开发方面，这是很正常的。毕竟，编写代码来解决问题是最有趣的部分。通常情况下，团队将持续维护代码，但坦率地说，这也是 DevOps 的好处之一。显而易见，那些开发并维护代码的人开发出了更好的代码，所以他们更容易处理这些代码。没有人喜欢在周六凌晨 2 点接到电话，原因是有程序崩溃了。技术行业有一个有趣的发展趋势，就是那些现在被打电话的人很可能是最初引入错误的人！

不可否认，文档编写可能是最不吸引人的事情之一。不要让团队陷入在没有适当的预先文档的情况下生成代码的陷阱。要明确需求、验收标准、编写代码的原因、开发方法、共享和维护方式以及由谁负责。许多人以敏捷为借口嘲笑需求文档化的想法。但是，敏捷开发并不能成为产品所有者、产品经理和工程团队忽视文档的借口。如果没有适当的文档，您如何知道软件是否符合最小可行产品（MVP）的要求呢？

采用 DevOps 意味着以不同的方式处理文档。首先，使用基础设施即代码（IaC）生成的可信数据源意味着基础设施在很多方面都是自文档化的。并且，当易于阅读的 IaC 不足够时，使用结构化数据（如 YAML、JSON、JSONSchema 等）意味着可以使用自动化工具构建易于阅读的文档。其次，当无法使用自动化工具时，现代的文档工具可以简化文档的创建过程，专注于团队协作，并且可以轻松与其他 DevOps 工具集成。

自动化文档

请记住，IaC 中的“代码”通常使用易于人类和机器阅读的格式，例如 YAML、JSON 或 JSON Schema。如果是这种情况，并且您的 IaC 存储在版本控制系统中，那么基础架构的文档就在版本控制系统中，任何人都可以在其中查阅。在许多情况下，这已经足够作为基础架构的文档。

然而，在需要传统人工文档或报告的情况下，IaC 可以帮助我们从结构化数据中自动生成文档。一些常见的示例包括：

- docstrings：Python 工具，可以直接从代码生成文档。
- Jinja2：模板工具，可以帮助从代码生成文档。
- 基于 JSON Schema 的生成器：从 JSON Schema 自动生成文档。

平台

尽管我们希望自动化所有内容，但有些文档总是需要手工才能完成的。在 DevOps 模型中通常需要项目文档、入门指南、研究报告和操作指南。简而言之，这类文档就是人们协作的方式。在过去的几年里，基于团队的文档平台，如 Confluence、SharePoint 或开源的 DocWiki，极大地简化了手动创建文档并将文档与其他工具（包括项目管理工具和版本控制系统）集成的过程。

这些平台与基于文件共享的文档方法、基于平台或基于 SaaS 的方法不同，具有以下特点：

- 通过 WebUI 实时编辑文档。
- 文档之间和平台之间的轻松链接（例如链接到问题跟踪和项目任务跟踪）。
- 在整个平台上的广泛搜索功能。
- 变更通知。
- 广泛的 API 支持。
- 标记化（人员、项目或组）。

综上所述，这些功能提供了一种关键能力，有助于减轻团队、DevOps 社区甚至整个组织的文档负担。

2. 项目管理工具

现在您已经正确地记录了自己的项目，但还需要执行这些项目。与许多事情一样，敏捷模型中的项目执行通常看起来与使用传统规划流程和甘特图管理的项目是不一样的。因此，需要不同的工具。

我们建议采用迭代方法来实现企业自动化，而不是采用更传统的不频繁和非常大规模的推出技术和服务。这种方法将建立一组项目，或者称为史诗，每个史诗都有一组被认为对项目成功至关重要的优先级排序的待办事项。待办事项的安排方式是，按照尽早和经常交付价值的顺序对其进行优先级排序。然后，工作将在一系列定期的冲刺中进行管理（通常是两到三周，而不是几个月），其中，首先完成当前最高优先级的待办事项。待办事项是一个动态的东西。新的任务会不断出现和消失，任务的优先级可以（而且经常会）调整。这个过程被称为待办事项整理。

一些支持这种工作的常见工具包括：

- Jira：灵活的跟踪史诗、项目、问题和待办事项的工具。
- 看板：许多工具内置的方法论，侧重于工作效率，以及对进行中的工作进行可视化。
- Trello：易于使用的 SaaS 应用程序，用于管理冲刺。

图 7-1 展示了一个看板示例，展示了冲刺中处于不同完成阶段的任务。

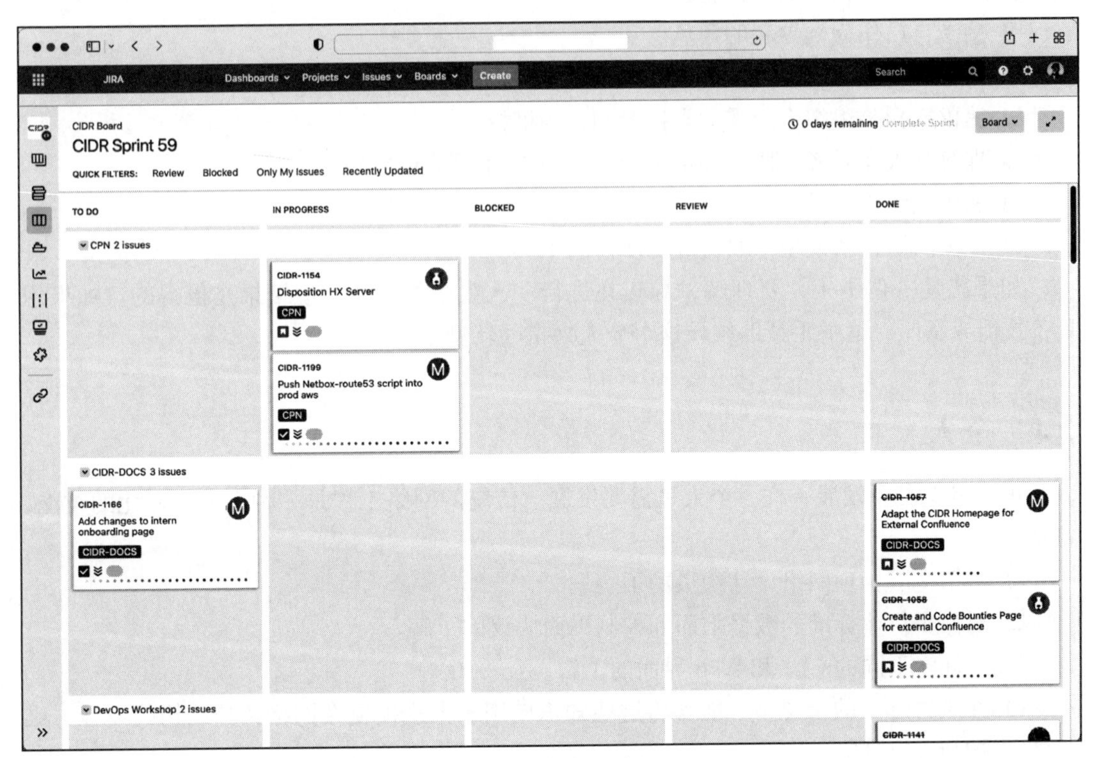

图 7-1　看板示例

重要的是要理解敏捷方法不是任何一种工具或流程，而是一组管理工作的原则，能够以各种方式体现出来。你的团队选择自组织和管理工作的方式应该遵循敏捷原则的指导，但实际的工作流程可以采用各种形式，并且应该根据具体需求进行调整。本节中概述的项目管理工具和流程都非常灵活，几乎可以适应任何工作流程。

3. 版本控制工具

在 DevOps 中，源代码管理系统扮演着关键角色，本书对其进行了强调。有效的源代码管理是跟踪、测试和部署 IaC 的关键要求，它也应该与我们的文档和项目管理能力集成，以便我们能够管理从规划到执行再到监控的整个工作生命周期。以下是一些可能的集成示例：

- 在版本控制系统中跟踪的问题可以与项目管理系统中指定的工作关联。
- 已完成的拉取请求可以自动关闭项目管理系统中的任务。
- 提交可以在项目管理系统中自动跟踪。

从根本上说，这些工具的集成消除了在多个工具之间保持信息同步的许多烦琐任务，提高了效率，并让团队成员能够完成更多的工作。

7.3.7 组织级变革的小结

为了改变行为方式以改变文化，您必须接受一个事实，即变革需要从组织层面进行。如果您是一位领导者，那么您需要：

- 接受自己作为领导者的角色。
- 记录并传达愿景。
- 提拔或招募组织中所需的支持者和行为楷模。
- 理解某人在对齐、协调和记录所有事项方面发挥关键作用。
- 利用组织内部潜力。
- 提供团队在新模型中取得成功所需的工具。

如果您是一位员工，要理解领导正在进行一次艰难的转变，但结果是值得的。如果您具备技能或意愿，请举手帮助领导这个令人兴奋的转型。

7.4 个人

正如组织需要发展一样，个人也需要发展。传统的网络工程是一种高度专业化的技能，需要：

- 对第一层物理网络设计约束的了解。
- 对许多行业标准的数据平面和控制平面协议的了解。
- 对许多不同的 CLI 和 Web 界面的了解。
- 在压力巨大的情况下，能够将这些知识应用于大规模复杂网络拓扑结构的设计、维护和故障排除。

即使在采用 DevOps 模型时，这些技能大部分仍然是必需的。设计网络仍然需要了解期望的目标、物理网络的限制以及所使用的协议。而且，尽管机器学习在不断发展以辅助人类进行故障排查，但当（而不是如果）这些系统出现故障时，仍然需要了解数据平面和控制平面中相关协议的知识。

在新的 DevOps 模型中，最具风险的技能之一是 CLI 知识。在隔离和排除故障的情况下，CLI 仍然是必需的，但在大多数情况下，手动键入命令的方式将被自动化的 API 工作流取代，API 成为更改基础设施设备的主要方式。然而，本书认为，并非每个网络工程师或运营商都需要成为能够编写 API 代码的软件开发人员。当然，这方面的技能是必要的，但许多人可以通过结合他们现有的网络技能、常用的 DevOps 术语、学习新工具的能力以及对常见数据格式（如 JSON 和 YAML）的了解，从 DevOps 模型中受益。

7.4.1 编程与自动化的对比

深入探讨编程和自动化的区别是值得的，这样可以更好地理解为什么并非所有工程师都需要成为程序员。编程和自动化通常被认为是同义词，但事实并非如此。编程（或“编写代码”）通常被理解为按照特定语言（例如 Go、Python、Java 和 C）的（通常相当严格）语法规则，用结构化编程语言来编写代码。编程语言非常强大和灵活，几乎可以在计算机上完成任何工作，但这种强大和灵活性是有代价的。编程语言的一些缺点是：

- 学习正确的编程语法需要大量的时间投入。
- 对于不熟悉编程语法的人来说，代码阅读起来更加困难。
- 完成看似简单的任务可能需要付出很大的努力。

自动化工具通常旨在通过隐藏某些复杂性，使常见任务在 IT 基础设施领域更容易完成。以 Ansible 为例，许多与自动化 IT 基础设施相关的常见任务都以 Ansible 的“模块”形式提供。使用 Ansible 模块将一系列任务组装成脚本比尝试在 Python 中完成相同的任务要容易得多。当然，编程也可以通过编写模块或包来隐藏这种复杂性，但如果编写脚本以完成特定任务只需要 5min，而编写 Python 代码需要 30min，则建议使用 Ansible 或其他高级工作流工具。自动化工作流工具的一些优点是：

- 可以简化复杂的任务。
- 对于那些没有编程技能的人来说，通常更容易阅读。
- 涵盖了许多最常见的任务。

除非用编程语言编写逻辑更容易，通常最好使用自动化工具。这种方法并不少见。但是，如果可以使用自动化工具完成 90% 的任务，并且只需要使用编程语言完成 10%，那么请使用自动化工具完成 90% 的任务，并为剩余的 10% 编写代码。在 Ansible 中，使用此技术意味着编写一个或多个使用 Python 编写的模块，以满足 10% 的需求。此外，一个额外好处是，您可以将自己编写的模块贡献给社区，以便其他人能够从您的工作中受益。

7.4.2 版本控制工具

我们采用 IaC 的主要原因是因为源代码管理工具具备的强大功能和能力。它们让您能够了解基础架构变更的内容、原因、人员和时间，并提供触发器，有时还提供资源来驱动自动化的 CI/CD 流水线。这些核心功能使它们成为运维模型的核心。因此，运维人员和工程师需要具备足够的技能来熟练运用源代码管理。他们需要能够克隆代码仓库、创建分支、编辑文件、提交更改以及创建拉取 / 合并请求。在使用 IaC 时，最常见的工作流程之一是克隆代码仓库，编辑存储在 YAML 或 JSON 中的某些可信数据源，提交更改，并创建拉取 / 合并请求以启动 CI/CD 过程和审批流程。

尽管这种工作方式使用了一些与程序员所使用的相同工具，但它并不是编写代码，甚至不是编写自动化脚本。要对 IaC 进行更改，熟练使用源代码管理工具非常重要，还需要能够阅读、解释和修改常见的数据格式。

7.4.3 数据格式

在本书中，我们花了很多时间讨论结构化数据的重要性，以及两种最常见和最具可读性的数据格式：YAML 和 JSON。如果您采用了 IaC，那么您的可信数据源代码将是一组以 YAML 或 JSON 形式指定的结构化数据，并存储在版本控制系统中。因此，对基础设施进行更改就意味着在版本控制中修改结构化数据。对于典型的运维人员或工程师来说，这意味着他们需要能够解释和修改 YAML 和 JSON 格式的结构化数据。这些数据格式设计得非常易于人类阅读。随着 IaC 方式的采用，任何运维人员或工程师的首要和最重要的生存技能将是能够阅读和修改 YAML 和 JSON。一旦掌握了这些数据格式，理解 API 将变得更加容易。

7.4.4 API

正如我们在前几章中所描述的那样，IaC 的先决条件之一是摆脱使用 CLI 在键盘上打字的方式，转而使用 API。即使有自动化工作流程工具可以让您在不必理解 API 的情况下完成 IaC 所需的 90%，但总会有那 10% 的工作需要您具备阅读 API 文档、组装适当的输入数据（通常为 JSON）以及使用 Ansible、Python 等进行 API 调用的能力。

可以使用设备或平台的内置 API 浏览器来了解 API。这些浏览器通常是 HTML 页面，可让您查看所有可用的 API 调用以及其所需的输入数据，针对运行的系统发出 API 调用，并检查返回的数据。

另一种学习 API 的好方法是使用 Postman（见图 7-2）。Postman 是一种工具，可以让您测试 API 调用并构建出 API 调用以及相关输入数据的集合。然后，当 API 和输入数据能够正确工作时，您可以将这些 API 调用导出为任何格式，以便更轻松地过渡到代码。

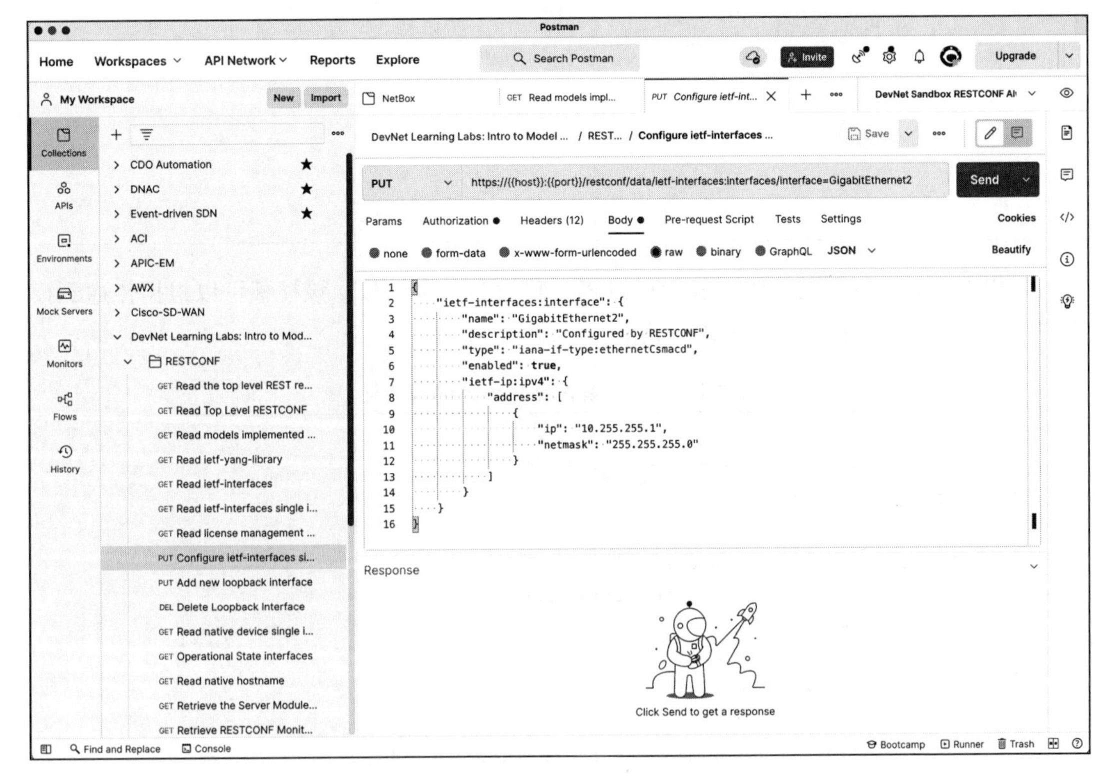

图 7-2　Postman

7.4.5 模板化

当您掌握了组装所需输入数据并进行 API 调用的技能后，您会发现接下来要做的事情是将输入数据模板化，以便可以使用变量替换某些值，或根据某些值的定义有条件地包含这些值。

考虑在 IOS-XR 中添加静态路由，如清单 7-1 所示。

清单 7-1　在 IOS-XR 中添加静态路由

```
{
  "Cisco-IOS-XR-ip-static-cfg:vrf-prefix": [
    {
      "prefix": "9.9.9.9",
      "prefix-length": 32,
      "vrf-route": {
        "vrf-next-hops": {
          "interface-name": [
            {
              "interface-name": "Null0",
              "tag": 123
```

```
            }
          ]
        }
      }
    }
  ]
}
```

使用 Jinja2 中可用的逻辑，我们可以将其转换为一个模板。该模板可以根据传递到模板中的变量，扩展为任意数量的静态路由，如清单 7-2 所示。

清单 7-2 一个静态路由添加的模板化

```
{
  "Cisco-IOS-XR-ip-static-cfg:vrf-prefix": [
{% for route in routes %}
    {
      "prefix": {% route.prefix %}
      "prefix-length": {% route.prefix-length %},
      "vrf-route": {
        "vrf-next-hops": {
          "interface-name": [
            {
              "interface-name": {% route.interface %},
              "tag": {% route.tag %}
            }
          ]
        }
      }
    },
{% endfor %}
  ]
}
```

请注意，数据的结构保持不变，只是在传入的路由对象列表 ({% for route in routes %}) 上进行循环，并替换所需的变量值（{% route.prefix %}、{% route.prefix-length %} 等）。

上述示例仅是 Jinja2 可用逻辑中的一种。Jinja2 支持各种循环、条件判断和过滤器。此外，大多数工作流程工具和编程语言也支持 Jinja2 模板的使用，因此生成的模板可以在整个自动化工具集中得到应用。能够阅读、修改和创建 Jinja 或其他模板将是工程师的关键技能。

7.4.6 Linux/UNIX

采用 DevOps 进行基础设施自动化以及随之而来的所有工具，意味着至少需要掌握一些 Linux/UNIX 技能。比如，需要能够在类似于 bash 或 tcsh 的典型 UNIX shell 中进行操作。以下是在自动化基础设施时会遇到 Linux/UNIX 的一些示例：

- 在 CI/CD 构建 / 测试阶段使用 Linux 容器。
- 现代网络操作系统广泛支持 Linux 容器。
- 许多网络操作系统提供了对 UNIX shell 的访问，以便进行开箱即用的 Python 脚本编写。
- Ansible 仅适用于基于 Linux/UNIX 的平台。
- 现代云服务技术栈的很大一部分是在 Linux/UNIX 之上构建的。

理解 Linux/UNIX 操作系统的基本知识，掌握浏览目录结构、更改文件权限、编辑文件、设置环境变量、运行可执行文件和创建简单的 shell 脚本等技能，在这些方面投入时间是非常有价值的。在 DevOps 中，只能使用 UNIX shell 来更改数据或代码，而不能使用花哨的 GUI 文本编辑器。

7.4.7 拥抱变革

当我们与许多组织的人讨论 IaC、自动化和 DevOps 等概念时，他们经常会怀疑自己能否做到、担心会失去工作甚至直接否认正在发生的变革。让我们逐一解决这些问题。

起初，ACME 公司的鲍勃对将 DevOps 的文化、工具和流程应用于网络基础设施持怀疑态度，因为他之前的自动化经验让他认为这太难了，所需的时间和精力都不值得。然而，随着时间的推移，网络行业对 API 和自动化等技术的支持大大增加。当 API 支持与 IaC 的概念以及 DevOps 的工具和流程的实际价值相结合时，很难反驳基础设施自动化无法实现。本书的编写正是要证明，模型驱动的 DevOps 是完全可以实现的，并提供了一个参考实现，以根据不同的需求进行扩展。

即使我们成功地让您相信 DevOps 可以成功应用于基础架构，您可能仍然想知道这对您的工作意味着什么。难道所有这些自动化不意味着您的技能不再需要了吗？在过去的 30 年中，尽管 IT 发生了许多变化，但我们管理以太网 /IP 网络的方式并没有发生很大的变化。这意味着许多网络工程师和运维人员可以学习其网络的 CLI，并且这些技能将在几十年内基本保持不变。一对一的 CLI 管理网络的方法确实正在改变。然而，请记住，对物理网络、L2、L3、网络设计的约束和故障排除技能的知识仍然是必要的。网络设计和故障排除的需求并没有消失。在模型驱动 DevOps 中，我们通过更改可信数据源来在网络中实现变更。从这个角度来看，需要进行的转变是从使用特定于 CLI 的语法转向使用 JSON 或 YAML 中的结构化数据。正如我们在本书中所说明的，结构化数据并不是魔法。对大多数人来说，阅读和修改它实际上是很容易的。随着自动化逐步接管一些更烦琐的任务，您的工作内容可能会有所变化，但网络工程师和运维人员仍将是必不可少的。

举一个 VoIP 以及 20 年前在企业电信领域发生的变革的例子。与传统的 TDM 系统相比，VoIP 具有许多优势，但也存在一些需要克服的挑战。正是这些挑战导致了在 TDM 领域工作的人们拒绝使用它。然而，网络供应商对克服这些挑战的不懈关注最终导致了 VoIP 在企业领域的完全超越。一些 TDM 工程师和运营人员成功地转向了 VoIP，甚至转向了网络工程，因为一个可靠的网络对于可靠的电话服务至关重要。拒绝并不是应对变革的成功策略。

简而言之，拥抱变革。学习一些新的技能，并在这个动荡时期茁壮成长。对于愿意学习新技能的人来说，将会有许多机会。